# 黄尾鲕
## 繁育理论与养殖技术

马振华　张殿昌　等　编著

中国农业出版社

# 前　言

　　近20年来，我国海水鱼类养殖业总体上保持着高速发展的势头。据统计，2012年，我国海水鱼类养殖产量达到102.84万 t，同比增长6.66%，养殖品种超过80种。然而，在产业高速发展的过程中，一些不足之处也逐渐显现出来，其中，海水网箱养殖所面临的问题尤为突出。网箱养殖是世界海水鱼类养殖产业的重要支柱。经过多年发展，我国的深水网箱制造技术已达到世界先进水平，但是海水网箱养殖业适宜养殖种类过少、养殖品种过于单一的问题一直没有得到有效解决。

　　目前，我国南方海水网箱养殖的品种主要为金鲳鱼和石斑鱼。金鲳鱼虽然适合网箱养殖，但是由于最近两年其市场价格持续走低、饲料价格持续上涨，导致许多养殖户弃养；石斑鱼大多为底栖鱼类，其生活习性决定了其对网箱的利用率不高，已被证实不适合网箱养殖。受现有品种成品鱼市场价格低迷和适养优良品种稀少的影响，海水网箱养殖业已步入薄利时期，2013年以来，海南的海水网箱空置率逐步攀升。由此可见，为推动我国南方地区海水网箱养殖业的健康可持续发展，寻找适合南方海水网箱养殖的新品种已刻不容缓。

　　黄尾鰤是当今世界鱼类中经济价值排名前15的优质鱼种，其肉味鲜美，鱼体肉质充实且少骨，营养丰富，被誉为"海洋中的牛肉"。国外研究表明，黄尾鰤是最适合网箱高密度养殖的一种海水鱼类，其适应性广、成活率高、生长速度快、易于管理。开展黄尾鰤网箱养殖所需前期投资低，养殖周期短。在适宜条件下，黄尾鰤可在12个月内长至3kg左右。其商品规格养殖周期在12～18个月，比我国当前养殖的鰤属种类生长速度快。在人工繁育过程中，黄尾鰤可在25日龄后转投颗粒饲料；养成阶段可采用全人工配合饲料，饲料转化率（FCR）在（2.0～2.5）：1。目前，黄尾鰤在国际市场售价保持在10～20美元/kg，深受世界各地消费者喜爱。

　　黄尾鰤属于远洋性群游鱼类，成鱼群居在接近或超出大陆架的近海海域，偶尔会进入河口。成鱼常见栖息于3～50m水深，摄食时间一般在黎明和黄昏，食物以小鱼、乌贼和甲壳动物为主。黄尾鰤稚鱼、幼鱼在自然界中很少能见到，这主要是由于它们往往远离陆地，藏匿于海洋中的漂浮物或水草中。在随同水草漂流的过程中，黄尾鰤稚鱼、幼鱼以海洋中的微生物以及小鱼为食物。在我国，鰤属幼鱼每年6月下旬进入黄海北部，在海洋岛渔场索饵，10月开始南迁越冬。黄尾鰤与我国现有养殖的鰤属种类为生态等值生物，其营养取食生态位、空间生态位、时间生态位类似，因此，在我国开展黄尾鰤养殖不存在任何问题。

本书系统总结了国内、外黄尾鰤亲鱼培育的研究进展、生产经验以及作者近几年对黄尾鰤的研究成果，包括在人工养殖条件下对亲鱼催产、仔鱼和稚鱼养殖、保育阶段养殖及其营养需求、生物饵料培育、饲料选择、疾病防控等方面内容。尽管黄尾鰤养殖在国外开展多年，但其养殖技术资料仍旧比较缺乏，因此，本书作者在相关章节借鉴了国内外有关黄条鰤和高体鰤的部分养殖技术参数。希望本书的出版能带动黄尾鰤养殖业在我国的发展，并通过今后开展持续的研究和实践，在技术上不断完善，形成规范的操作技术加以推广应用，为我国南方海水网箱养殖业的可持续发展做出应有贡献。

本书在编写和出版过程中得到了许多同志的热情帮助与鼓励，在此表示衷心感谢！全书由马振华、张殿昌完成统稿工作，其中第一章至第三章由中国水产科学研究院南海水产研究所马振华、张殿昌编写；第四章由山东省海洋生物研究院关健和中国水产科学研究院南海水产研究所张家松、马振华编写；第五章由中国农业出版社郑珂和塔里木大学动物科学学院魏杰编写；第六章由青岛农业大学海洋科学与工程学院董晓煜和中国水产科学研究院南海水产研究所郭华阳、杨其彬编写；第七章由中国水产科学研究院南海水产研究所严俊贤、张殿昌、张楠、杨丽诗编写。

由于作者水平有限，编写时间仓促，书中难免存在不足之处，敬请各位专家同行不吝赐教。

编著者

2014 年 2 月

# 目　　录

# 第一章
# 黄尾鰤产业发展与市场背景分析

## 第一节 鰤鱼的分类与分布

鰤鱼隶属于鲈形目（Perciformes）、鲹科（Carangidae）、鰤属（*Seriola*），全世界已知鰤属鱼类现共有9种（表1-1），主要分布在太平洋、印度洋、大西洋等亚热带海域，属于高端经济鱼类。黄尾鰤（*Seriola lalandi*）（图1-1）属于全球性非均匀分布鱼类（图1-2），在东亚、非洲南部、澳大利亚、美国、印度、南非海域以及印度洋均有分布。根据地域性差异，黄尾鰤分为3个形态相似的地理亚种：加利福尼亚黄尾鰤（*S. lalandi dorsalis*），亚洲黄尾鰤（*S. lalandi aureovittata*），南方黄尾鰤（*S. lalandi lalandi*）（Smith，1987），是重要的商业养殖品种和休闲垂钓鱼类（王波等，2005）。

表1-1 鰤属鱼类主要种类

| 拉丁文名 | 英文名 | 中文名 | 分布 |
|---|---|---|---|
| *Seriola carpenteri* | Guinean amberjack | 几内亚鰤 | 非洲沿岸 |
| *Seriola dumerili* | greater amberjack | 高体鰤 | 地中海、大西洋、印度洋沿岸 |
| *Seriola fasciata* | lesser amberjack | 镰鰤/斑纹鰤 | 大西洋 |
| *Seriola hippos* | samson fish | 马鰤 | 印度洋—太平洋、新西兰北岛东部 |
| *Seriola lalandi* | yellowtail amberjack/yellowtail kingfish | 黄尾鰤/拉氏鰤 | 全球亚热带海域 |
| *Seriola peruana* | fortune jack | 秘鲁鰤 | 东太平洋：墨西哥、厄瓜多尔、加拉帕戈斯群岛 |
| *Seriola quinqueradiata* | Japanese amberjack | 五条鰤 | 西北太平洋：日本和朝鲜半岛东部的夏威夷群岛 |
| *Seriola rivoliana* | almaco jack, highfin jack | 长鳍鰤 | 世界性分布：印度洋、太平洋、大西洋 |
| *Seriola zonata* | banded rudderfish | 环带鰤 | 西大西洋 |

作为与黄尾鰤密切相关的物种，五条鰤（*S. quinqueradiata*）主要分布在日本和夏威夷北部（Lin and Shao，1999）。包括马鰤（*S. hippos*）在内的其他鰤属鱼类主要分布在澳大利亚南部和东部海域，偶尔会在新西兰北部海域被发现（Ayling and Cox，1982）。长鳍鰤（*S. rivoliana*）主要分布在印度—西太平洋、东太平洋（美国、秘鲁、加拉帕戈

图 1-1　黄尾鰤

(引自 http://www.dpi.nsw.gov.au)

斯群岛)、西大西洋、地中海部分海域。高体鰤(*S. dumerili*)在世界范围内均有分布,在印度—西太平洋区域主要分布在南非、波斯湾、日本南部和夏威夷群岛,南至新喀里多尼亚、马里亚纳和加罗林群岛、密克罗尼西亚联邦,在西大西洋区域主要分布在百慕大、加拿大新斯科舍省、巴西、墨西哥和加勒比海湾,在东大西洋区域主要分布在英国海岸、摩洛哥和地中海。环带鰤(*S. zonata*)主要分布在西大西洋、墨西哥湾和加勒比海。

　　黄尾鰤肉质呈淡红色,肉味鲜美,鱼体肉质充实且少骨,可用来烤、炖、生吃,其骨可用来煲汤,夏季味道最佳,在日本常被用来做生鱼片刺身。目前,鰤属鱼类在我国南方沿海已经开始进行网箱养殖,但苗种主要依靠野生采补,人工繁育尚未成功。在日本、新西兰、澳大利亚以及美国,黄尾鰤已经完成全人工繁育养殖,每年可生产过百万尾鱼苗以供生产性养殖。

# 第二节　黄尾鰤的形态、分类与分布

　　黄尾鰤身体呈纺锤形,前粗后细,其尾叉大,为黄色。游泳时尾部摆动幅度大,其尾部的特有形状使其具有很强的游泳能力。黄尾鰤通身具有伪装色,鱼体的背面通常是蓝色或蓝绿色,该保护色使其与海水混为一色,当从海水表面俯视时,难以辨认。不仅如此,其银白色的腹部提供海面反射镜像,使得从海底向上观察时很难被发现。幼鱼通常具有鲜艳的黑色和亮黄色横向带和鳍,但随着年龄的增长该颜色逐渐褪去。通常当鱼体达到30cm左右,体色与成鱼相近(Fielder and Heasman,2011)。

　　所有鰤属鱼类生长速度快,在其生命周期前几年的生长中尤为显著。截至目前,还未见通过骨骼结构、耳石、脊椎骨分析统计黄尾鰤生长率的相关资料。然而,近年来来自休闲渔业标记项目中的大量数据证明,鰤属鱼类属于快速生长种类(Hartill and Davies,1999)。黄尾鰤最大可长至2.5m,体重可达70kg左右。常见体长为100cm,体重10~15kg。在适宜条件下黄尾鰤可在12个月内长到3kg左右。

　　黄尾鰤广泛分布于高盐度水域(海洋),以温带和亚热带水域最为常见。主要分布在太平洋,印度洋以及南非、日本、澳大利亚、美国等国家(图1-2)。其最适温度为18~24℃,但在冷水中偶尔可见。在世界范围内,黄尾鰤作为一种远洋性鱼类,是比较受商业捕捞和休闲渔业欢迎的种类。在澳大利亚水域，黄尾鲕分布在北礁周围（昆士兰州）和南部海岸特里格岛（西澳大利亚州），也能在豪勋爵岛和诺福克群岛附近被发现（塔斯马尼亚州）。在我国，黄尾鲕幼鱼每年6月下旬进入黄海北部，在海洋岛渔场索饵，10月开始南迁越冬。在水温为15℃、盐度降到25左右时，摄食活动降低；当盐度降至8以下时开始出现死亡；当温度降至7~8℃时，死亡率明显增高；当温度降至6℃时，全部死亡。有报道认为，8℃是黄尾鲕越冬的极限温度，10℃以下时基本停止摄食。冬季养殖过程中的温度控制详见第四章。

图1-2 黄尾鲕全球性分布频率示意图
（引自 http://www.aquamaps.org）

黄尾鲕属远洋性群游鱼类，常见为成鱼。通常，黄尾鲕栖息在岩石海岸、珊瑚礁和岛屿，并经常被发现于近海海域和相邻的沙区，偶尔会进入河口。据报道，黄尾鲕通常栖息在3~50m水深，偶尔会在300m水深处被发现。成鱼一般在黎明和黄昏进食，食物以小鱼、乌贼和甲壳动物为主。幼鱼可达7kg左右，群居在接近或超出大陆架的近海海域。黄尾鲕稚鱼和幼鱼在自然界中很少能见到，这主要是由于它们往往远离陆地，藏匿于海洋的漂浮物或水草中。在随同水草漂流过程中，黄尾鲕稚鱼和幼鱼以海洋中的微生物以及小鱼为食。在白天，它们的活动范围仅局限在水草附近；在夜间，黄尾鲕稚鱼和幼鱼会藏匿于水草当中。在日出和日落的时候稚鱼和幼鱼以成群的浮游动物为食，而在白天，黄尾鲕稚鱼和幼鱼则以小鱼为食。

# 第三节　黄尾鲕的全球养殖状况

由于黄尾鲕肉质鲜美、生长速度快、适合网箱养殖，在澳大利亚已被确定为一个很好的水产养殖品种。随着国内与国际市场对黄尾鰤需求量的增加，该品种被日渐重视。澳大利亚、新西兰对黄尾鰤养殖繁育技术的开发也逐渐开展起来。在澳大利亚，黄尾鰤养殖技术早期主要借鉴了新西兰、日本等国家的养殖技术。在日本，深水网箱被普遍用于黄尾鰤养成阶段的养殖，不仅如此，其他国家的初步研究也表明，黄尾鰤非常适合高密度、集约化的网箱养殖生产。

在日本，主要养殖的鰤鱼有3种，即黄尾鰤（*S. lalandi*）、五条鰤（*S. quinqueradiata*）和黄条鰤（*S. mazatlana*）。在1979—1998年，日本五条鰤每年的产量保持在15万t左右（Nakada，2000）。1990年，日本鰤鱼总产量为21.3万t，其中养殖鰤鱼产量占75.6%（Honma，1993）。从2000年开始，澳大利亚、新西兰开始发展黄尾鰤养殖业，但产量远远低于日本的产量（Kolkovski and Sakakura，2004）。近年来由于受日本养殖水域限制和消费习惯的改变，高体鰤（*S. dumerili*）和黄尾鰤逐渐取代五条鰤成为主要的鰤属鱼类养殖品种。

在日本，黄尾鰤养殖过程中幼鱼几乎全部依靠采捕野生幼鱼（图1-3）。据相关资料统计，每年从自然海区捕捞的野生黄尾鰤幼鱼约100万尾左右，可满足大约3 000家养殖户的需求。在日本，鰤鱼主要养殖经济种类中，以黄尾鰤最为受欢迎。由于在夏天其鱼体脂肪含量低，黄尾鰤被认为是做生鱼片的首选鱼类。目前，日本已经可以对黄尾鰤进行人工育苗，但是由于人工育苗成本高于野生捕捞的幼鱼，因此，其幼鱼的供给仍主要来自野生采捕。

图1-3　从海上收集黄尾鰤幼鱼和稚鱼
(Kolkovski and Sakakura，2004)

自2001年起，在澳大利亚的南澳大利亚州，黄尾鰤商业养殖已经广泛开展。其黄尾鰤鱼苗主要来自位于南澳大利亚州Clean Seas Tuna Ltd的供给，而幼鱼、成鱼主要在南澳大利亚州的网箱中进行养成阶段的养殖。2002年，黄尾鰤的产量约为1 500t，主要销往日本、美国，澳大利亚本国也有销售。

黄尾鰤生长速度与温度密切相关。在相对较高的温度下，黄尾鰤的生长速率非常快。

在亚热带地区高密度养殖条件下，黄尾鰤 1 年可增重 1kg。饲料转化率（FCR）在（2.0～2.5）：1。因此，为了能获得较高的生长速率，对黄尾鰤的养殖应考虑在适宜温度条件下进行。

综上所述，开展黄尾鰤养殖的优点包括：①稚鱼和幼鱼也可以作为商品鱼销售；②生长速率高，度过仔鱼阶段后，成活率高，易于养殖和管理，适合网箱养殖；③国内外市场需求旺盛；④成鱼销售价格高。

开展黄尾鰤养殖存在的问题包括：①对溶氧量需求高；②养殖技术缺乏，需要进一步探索；③在世界范围内，寄生虫病等已经成为限制黄尾鰤产量的主要因素；④冬天水温、最适投喂量等未知；⑤稚鱼和幼鱼供应量不能满足大规模生产。

# 第四节　黄尾鰤加工与市场需求

当黄尾鰤达到上市规格后，通常会被整条出售。在澳大利亚市场，黄尾鰤会被制作成肉片或鱼排出售，质量好的商品鱼会被制作成生鱼片进行销售。在冷水中生长的小规格黄尾鰤鱼肉品质上乘，因此，在南澳大利亚州的商业养殖中为首选养殖品种。黄尾鰤在国际食用鱼消费市场深受消费者欢迎。随着亚洲人口的增长，人们对于黄尾鰤的需求量也稳步上升（表 1-2）。由于其特有肉质和独特的口感，黄尾鰤在亚洲主要被制成生鱼片，口感香甜细滑，深受消费者喜爱，但其肉质较硬，在大规格鱼中稍显粗糙。黄尾鰤鱼排的颜色多样，从白色、粉红色、红色到暗红色。其脂肪含量由低到高，具有独特风味。黄尾鰤鲜鱼肉制品在冰箱中通常可以保存 3d 不会丢失其特有的风味、颜色以及口感，因此，在日本黄尾鰤比其他种类鰤鱼更受消费者欢迎。截至目前，黄尾鰤在日本国内市场消费量已经超过其本国产量，市场差额量主要依靠从国外进口。

表 1-2　黄尾鰤澳大利亚本国市场与出口市场相关资料对比

| | 澳大利亚本国市场 | 出口市场 |
|---|---|---|
| 位置 | 新南威尔士州具有最大消费群体，澳洲范围内受欢迎，包括墨尔本、阿德莱德 | 日本、美国、洛杉矶、英国等 |
| 状态 | 未知 | 鱼体清洁，质量高 |
| 外观 | 未知 | 未知 |
| 活鱼或者加工过的鱼 | 整鱼，鱼排 | 整鱼，鱼片 |
| 规格 | 1kg，通常为 3kg | 3～5kg |
| 价格/（澳元/kg） | 1998—1999 年价格在 7.80 澳元/kg；目前收购价在 9～11 澳元/kg，生鱼片用鱼价格在 13 澳元/kg | 未知，生鱼片用鱼为 20 澳元/kg，消费市场为 1 500～3 000 日元/kg |
| 季节 | 未知 | 未知 |
| 竞争者 | 野生捕捞的黄尾鰤以及从新西兰进口的冰鲜黄尾鰤，其他适合做生鱼片的鱼类，例如金枪鱼、三文鱼等 | 未知 |
| 问题 | 未知 | 运输过程中应注意防止鱼体受伤，受伤的鱼体价格低 |

根据市场需求以及加工工艺的不同，黄尾鲕商品鱼的出肉率通常在 45%～100%（图 1-4）。其中加工去骨、去皮黄尾鲕鱼排的出肉率在 45% 左右；而加工西式黄尾鲕鱼排的出肉率在 57%；加工日式黄尾鲕鱼排的出肉率在 67% 左右；加工去头、去内脏后的黄尾鲕商品鱼出肉率在 77%；加工去内脏后的黄尾鲕商品鱼出肉率在 91% 左右。按照消费者消费习惯及加工部位的不同，黄尾鲕商品鱼可被加工为全鱼（图 1-5，a）、整鱼鱼排（图 1-5，b）、鱼腹部鱼排（图 1-5，c）、鱼尾部鱼排（图 1-5，d）、鱼肩部（图 1-5，e）、鱼中部（图 1-5，f）、块状鱼排（图 1-5，g）、纵切鱼排（图 1-5，h）、鱼鳍部 9 种制品（图 1-5，i）。黄尾鲕整鱼较适合烧烤、油煎以及清蒸；整鱼鱼排较适合烧烤、油煎、清蒸以及制作熏鱼；鱼腹部鱼排较适合做生鱼片、鞑靼、咖喱及熏鱼；鱼尾部鱼排较适合做寿司、鞑靼、烧烤、油炸；鱼肩部较适合的烹饪方法包括生鱼片、烧烤、熏鱼、清蒸、油煎、咖喱、油炸；鱼鳍部较适合的烹饪方法包括焖、炖、油炸及咖喱。

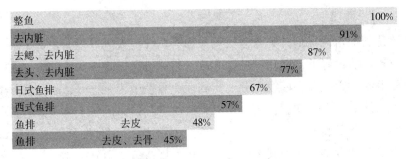

图 1-4　黄尾鲕商品鱼出肉率数据

图 1-5　黄尾鲕商品鱼加工产品

（引自 http://www.cleanseas.com.au/，图片版权属于 Clean Seas Tuna Ltd）
a. 全鱼　b. 整鱼鱼排　c. 鱼腹部鱼排　d. 鱼尾部鱼排
e. 鱼肩部　f. 鱼中部　g. 块状鱼排　h. 纵切鱼排　i. 鱼鳍部

在适宜的养殖条件下，近海网箱养殖被认为是最经济的黄尾鰤养殖方式，前期资金投入低。然而，网箱选址在黄尾鰤养殖过程中至关重要。黄尾鰤全生产周期需要 12～18 个月，这主要取决于商品鱼的规格，大规格的商品鱼则需要 1～2 年时间饲养。截至目前，在澳洲还未见养殖企业大规模出售市场规格的商品鱼。由于经济效益的驱动，目前在澳洲有多家企业开始从事黄尾鰤养殖。按照澳洲市场现有价格水平估计，如果从黄尾鰤养殖中受益，每年至少要用 12 个养殖网箱生产 250t 商品规格的黄尾鰤。目前，虽然黄尾鰤在我国广东省和福建省已开展网箱养殖，但由于黄尾鰤还未被列入主推养殖品种，因此，尚未见我国对黄尾鰤产量的统计以及市场预测。

# 参 考 文 献

王波，孙丕喜，董振芳 . 2005. 黄尾鰤的生物学特性与养殖 . 现代渔业（3）：18-20.

AquaMaps. 2013. Computer generated native distribution map for *Seriola lalandi*（yellowtail amberjack）.（version of Aug 2013）［2013-11-05］. www. aquamaps. org.

Ayling T，Cox G J. 1982. Collins guide to the sea fishes of New Zealand. Auckland：Collins：217-218.

Benetti D D, Acosta C A, Ayala J C. 1995. Cage and pond aquaculture of marine？n？sh in Ecuador. World Aquaculture, 26（4）：7-13.

Benetti D D. 1997. Spawning and larval husbandry of flounder（*Paralichthys woolmani*）and Pacific yellowtail（*Seriola mazatlana*），new candidate species for aquaculture. Aquaculture，155：307-318.

Clean Seas Tuna Ltd. 2012. Kingfish. www. cleanseas. com. au.

Fielder D S，Heasman M P. 2011. Hatchery manual for the production of Australian bass，mulloway and yellowtail kingfish. Orange，NSW，Australia：State of New South Wales through Industry and Investment NWS.

Garcia A，Diaz M V. 1995. Culture of *Seriola dumerilii*//Semina of the CIHEAM network on technology of aquaculture in the Mediterranean（TECAM）. Crypress，Zaragosa，Spain.

Garibaldi L. 1996. List of animal species used in aquaculture//FAO Fisheries Circular. No. 914. www. fao. org/docrep/w2333e/w2333e00. htm.

Hartill B，Davies N M. 1999. New Zealand billfish and game fish tagging. NIWA Technical Report 1997-1998：39.

Honma A. 1993. Aquaculture in Japan. Tokyo：Japan FAO Association：98.

Kolkovski S，Sakakura Y. 2004. Yellowtail kingfish，from larvae to mature fish-problems and opportunities// Cruz Suarez L E，Ricque Marine D，Nieto Lopez M G. Avances en Nutricion Acuícola VII. Hermosillo，Sonora，Mexico：Simposium Internacional de Nutricion Acuícola：109-125.

Lin P L，Shao K T. 1999. A review of carangid fishes（family Carangidae）from Taiwan with descriptions of four new records. Zoological Studies，38（1）：33-68.

Nakada M. 2000. Yellowtail and related species culture//Stickney R R. Encyclopedia of Aquaculture. New York：John Wiley & Sons Inc：1007-1036.

Porrello S，Andaloro F，Vivona P，et al. 1993. Rearing trial of *Seriola dumerili* in a floating cage. production，environment and quality. Ghent Belgium European Aquaculture Society，18：299-308.

Smith A K. 1987. Genetic variation and dispersal of the yellowtail kingfish，*Seriola lalandi* from New South Wales waters. Australia：University of New South Wales：1-46.

# 第二章
# 黄尾鰤亲鱼的培育与繁殖

长期以来，人们一直认为来自日本的黄尾鰤与澳大利亚、新西兰的黄尾鰤属于不同种群（Nugroho et al，2001；Smith，1987），但是，试验证明来自澳大利亚、新西兰与美国加利福尼亚的黄尾鰤种群间没有显著差异。Poortenaar et al（2001）发现在新西兰北部50%～100%的野生黄尾鰤成熟时的体长（全长）在944～1 275mm。然而，在自然光照条件下水温为（20±1）℃时，黄尾鰤需要13个月体重达到3.2kg、体长达到500mm达到性腺成熟（Kolkovski and Sakakura，2004）。澳大利亚的一些研究结果表明，野生的鰤鱼性成熟较慢，一般需要3～4年，体长达到800～1 000mm（Gillanders et al，1999a，1999b）。黄尾鰤的生活周期见图2-1所示。

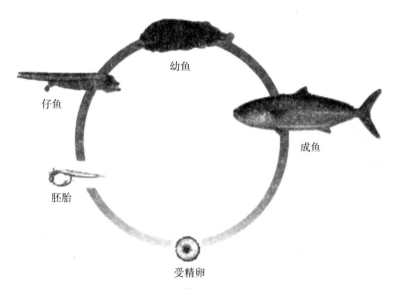

图 2-1　黄尾鰤生活周期

在繁殖季节之前，黄尾鰤亲鱼可以从天然海域采捕。野生亲鱼可暂养于深水网箱或室内缸中进行驯化。然而，由于在捕捉和运输过程中，亲鱼往往应激反应比较强烈，因此，需要视亲鱼具体情况进行前期驯化。亲鱼驯化时，室内暂养缸水体应大于90 m³，水深至少2 m（图2-2）。在驯化期间，应减少人为干扰，注意水质监测，以流水式养殖为宜。野生采捕的亲鱼通常需要在育苗车间的隔离室内暂养至少4周，用以观察是否带有寄生虫等，隔离期间尽量避免使用循环水系统，废水应加漂白粉消毒处理。在采捕后1周，如果亲鱼开始进食，此后在采捕过程中造成外伤将基本不会影响到亲鱼的成活率。

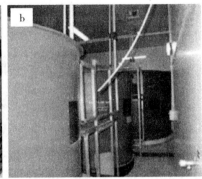

图 2-2　黄尾鰤亲鱼暂养系统

（Hutchison，2004）

a. 澳大利亚南澳水产研究所 10t 亲鱼暂养缸（配备有控温控光系统）b. 10t 亲鱼暂养缸侧面观

# 第一节　黄尾鰤亲鱼的营养需求与日常管理

亲鱼的营养状态不仅影响其性腺发育成熟，也会影响到受精卵、孵化后仔鱼和稚鱼的质量。因此，亲鱼在催产前 2～3 个月应投喂高质量的饲料。目前用于黄尾鰤亲鱼产前营养强化的饲料主要成分包括碎杂鱼、鱿鱼、维生素以及矿物质。为了消除黄尾鰤饲料中的致病因子，所有的生鲜饲料在投喂前都应该存储在−20℃条件下至少 2 周。如果采用颗粒饲料喂养，每天投喂量应占亲鱼体重的 1%～3%。如果采用湿饲料投喂，投喂量应该根据亲鱼的食欲以及其他情况而定，但通常投喂量应占亲鱼体重的 10% 左右。对于黄尾鰤投喂量的把握目前尚无相关标准，一些育苗场选择 100% 饱食，但根据实际操作数据来看，以 75%～80% 的饱食量为宜。

黄尾鰤亲鱼饲料与其他海水鱼亲鱼饲料类似，主要是新鲜或冰鲜杂鱼、鱿鱼、贻贝等。在澳大利亚，亲鱼饲料里常常会添加二十二碳六烯酸（DHA）、二十碳五烯酸（EPA）、二十碳四烯酸（ARA）等不饱和脂肪酸、维生素（高含量的维生素 C、维生素 E）以及免疫刺激剂（Kolkovski and Sakakura，2004）。黄尾鰤亲鱼饲料的选配参数详见本书第六章。

Verakunpiriya et al.（1997a，1997b）发现用磷虾粉作为虾青素来源添加到干软颗粒亲鱼饲料中可得到质量较高的受精卵。通过比较软干颗粒饲料、湿料以及冰鲜杂鱼对亲鱼产卵质量影响，Watanabe et al（1991）发现投喂软干颗粒饲料的黄尾鰤亲鱼所产的受精卵质量最佳；而投喂湿颗粒饲料的亲鱼产卵量是其他投喂组的 2 倍；投喂冰鲜杂鱼组的亲鱼（未添加任何其他添加剂）产出的卵质量最差。试验证明，在亲鱼饲料中添加额外的虾青素（Mushiake et al，1993）以及软干颗粒饲料（Verakunpiriya et al，1997a）会改善受精卵的质量。

# 第二节　黄尾鰤的性腺发育

黄尾鰤属于多次产卵性鱼类，产卵时间在夏季和秋季，这主要取决有繁殖海域的水温（图2-3，图2-4）。在繁殖季节雌性黄尾鰤产卵量最高可达390万粒。现有研究发现，人工条件下饲养的黄尾鰤产卵水温与自然条件产卵水温一致，范围集中在17～24℃（Moran et al，2007）。在西澳大利亚州，采用地下半咸水饲养的黄尾鰤亲鱼，冬、夏温差很小，水温一般保持在（20±1）℃，黄尾鰤性腺亦可发育，并在春季至夏季产卵（Kolkovski and Sakakura，2004）。在繁殖季节前半期，黄尾鰤产卵时间主要集中在清晨前；在繁殖季节后半期，黄尾鰤产卵活动主要发生在黄昏前后0.5～1.0h。当水温降低到17℃，黄尾鰤产卵活动停止。截至目前，还未见黄尾鰤大批量产卵现象发生（大于1尾雌性亲鱼同时产卵）的报道，但偶尔可见2～3尾亲鱼在1h内产卵，这种现象说明黄尾鰤亲鱼可以在一起产卵，但是同时产卵的概率不大（Fielder and Heasman，2011）。

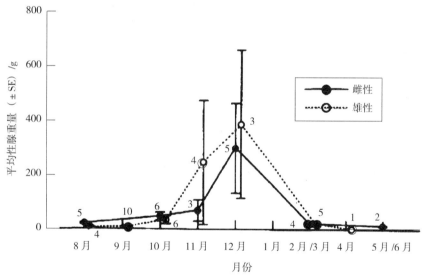

图2-3　澳大利亚新南威尔士海域黄尾鰤平均性腺重量

(Fielder and Heasman，2011)

初步研究发现，性腺发育成熟的黄尾鰤体长、体重、年龄与性别、地理位置相关联。在澳大利亚新南威尔士州，性腺发育成熟的雌性黄尾鰤平均体长与年龄分别为834 mm和3龄以上，而性腺发育成熟的雄性黄尾鰤体长和体重则为471 mm和0.9龄（图2-5）（Gillanders et al，1999a）。而在新西兰，性腺成熟的雌性黄尾鰤的体长和年龄分别为944 mm和7～8龄；达到性成熟的雄性黄尾鰤体长与年龄分别为812 mm和4龄（图2-6）。由以上数据可以看出，澳大利亚海域和新西兰海域黄尾鰤达到性成熟的体长与年龄差异显

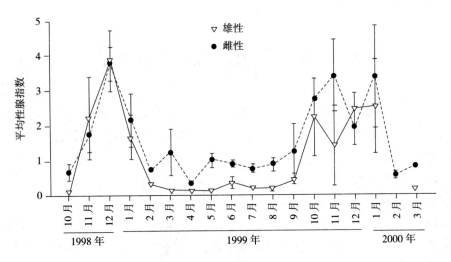

图 2-4　新西兰海域黄尾鰤繁殖指数季节性变化

(Fielder and Heasman，2011)

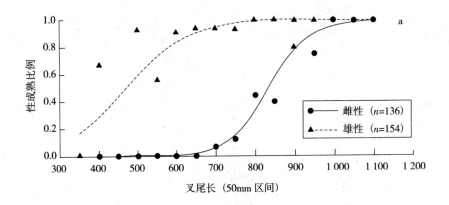

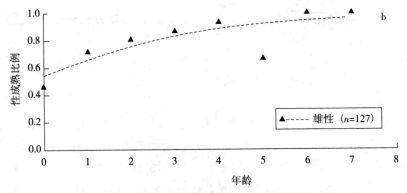

图 2-5　澳大利亚新南威尔士州海域黄尾鰤性成熟分布图

(Gillanders et al，1999b)

a. 叉尾长　b. 年龄

著，这种显著差异主要与其生长条件相关。例如，在澳大利亚新南威尔士州海域水温相对较高，但这种差异也与种群间行为与生理差异有关。虽然新南威尔士州海域黄尾鰤与新西兰海域黄尾鰤在形态上没有显著差异，但在这两个种群间很少见大规模的迁移（Poortenaar et al，2001）。截至目前，我国尚未见相关报道。

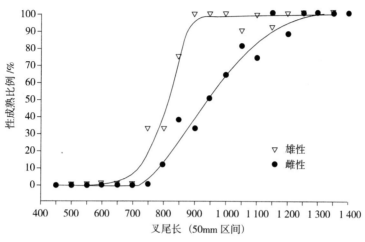

图 2-6　新西兰水域性腺发育成熟的黄尾鰤分布图

（Poortenaar et al，2001）

# 第三节　黄尾鰤的催产

黄尾鰤的催产方法与其他鰤鱼类似，在人工条养殖件下，通过控光、控温可以促使五条鰤（S. quinqueradiata）自然产卵。亦可采用荷尔蒙进行人工催产，其催产方法包括：①一次性注射 HCG 500IU/kg；②分 2 次注射 HCG；③投喂按 $220\sim400\mu g/kg$ 的标准添加 LHRHa 的胆固醇颗粒饲料。

研究结果表明，采用 LHRHa 方法催产后，受精卵质量最好；一次性注射 HCG 可增加排卵量。从生产成本上考虑，一次性注射 HCG 效率最高。在南澳大利亚州，黄尾鰤亲鱼通常采用控温、控光的催产方法。

催产黄尾鰤的方法相对简单，性腺发育成熟的鱼不需要注射荷尔蒙也可以产卵。实践证明，光照和温度控制即可促使性腺发育成熟的黄尾鰤产卵。当产期临近时，应注意观察亲鱼行为，确保将筛绢网加入到产卵池内。黄尾鰤的卵为球形浮性卵，卵径在 1.19～1.27mm。在水温为 18～20℃时，孵化时间约为 40h。产卵池大小应为 20～70 m³，或者更大，深度应超过 2m。亲鱼放养量应在 5～14 kg/m³（Stuart and Drawbridge 2012）。

在人工养殖条件下，在繁殖季节当水温高于 17℃时，黄尾鰤亲鱼开始产卵。在繁殖季节初期，每 2～3 周产卵现象有零星发生，之后每 2～3d 就会有产卵现象发生。黄尾鰤在产卵前，通常会有求偶行为发生，该行为持续时间从 30～90min 不等，平均时间为（58±18）min。在求偶行为发生时，雄性黄尾鰤通常处于主导地位，雄性黄尾鰤会位于雌性黄尾鰤身体下方，用吻端直接触向雌性黄尾鰤生殖孔。配对的黄尾鰤通常展现出不规则运动，包括突然加速运动与减速运动。在产卵前 10～15min，雄性黄尾鰤会增加追赶雌性黄尾鰤的频率，并开始不停地用吻端挤压雌性黄尾鰤腹部。在产卵前几分钟，有 50% 的概率会出现另外一条雄性黄尾鰤参与追赶已配对的雌性黄尾鰤。在产卵前 5～10s，雌性黄尾鰤会减慢运动速率，身体超一侧倾斜，运动稍显笨拙。当雌性黄尾鰤开始产卵时，第一条与后参与进来的第二条雄性黄尾鰤开始排精，运动轨迹通常为环形且近产卵缸底部。截至目前，尚未发现黄尾鰤亲鱼在水表层产卵的现象。产卵时长在（22±5）s，亲鱼产卵后立即恢复产前状态（缓慢地围绕缸运动）（Moran et al，2007）。

如前文所述，黄尾鰤属于分批产卵性鱼类，在自然环境下繁殖活动通常从晚春初夏一直持续到秋季水温在 17～24℃ 时进行（南半球）。在自然条件下，光照比例在 13.5h：10.5h（光照：黑暗），增加到最大日照时长 14h：10h，然后在繁殖季节结束前降低到 11.5h：12.5h。在南半球，黄尾鰤人工繁育通常会从当年 11 月持续到翌年 2 月，直到受精卵产量与质量降低到无法满足商业育苗时停止。现有试验数据表明，1 缸亲鱼（由 7 对亲鱼组成）可基本满足生产需求。

黄尾鰤亲鱼控温、控光催产的主要操作方法如下：在水温达到 16℃ 时，采取养殖环境控光操作，详细操作指标参数见表 2-1。亲鱼将持续接受恒定的光照（10h 光照：14h 黑暗）。在控光后 3～4d，将水温由 16℃ 逐渐升至 25℃，自然产卵通常会在 24～48h 发生。

**表 2-1　应用于黄尾鰤亲鱼催产操作的压缩光照周期与温度（PSFI 研究机构操作标准）**

| 日期 | 日照时长/h | 开灯时间 | 关灯时间 | 改变备注 | 温度/℃ | 天/d |
|---|---|---|---|---|---|---|
| 12 月 19 日 | 10.50 | 06：45 | 17：15 | | 16.00 | 1 |
| 12 月 24 日 | 11.25 | 06：15 | 17：30 | | 16.50 | 5 |
| 12 月 29 日 | 11.75 | 06：00 | 17：45 | | 16.50 | 10 |
| 1 月 3 日 | 12.50 | 05：30 | 18：00 | | 16.70 | 15 |
| 1 月 8 日 | 13.00 | 05：15 | 18：15 | | 16.95 | 20 |
| 1 月 13 日 | 13.50 | 05：15 | 18：30 | | 17.20 | 25 |
| 1 月 18 日 | 13.50 | 05：00 | 18：30 | | 17.65 | 30 |
| 1 月 23 日 | 14.25 | 04：45 | 19：00 | | 18.10 | 35 |
| 1 月 28 日 | 14.25 | 04：45 | 19：00 | | 18.95 | 40 |
| 2 月 2 日 | 14.25 | 04：45 | 19：00 | | 19.80 | 45 |
| 2 月 7 日 | 14.25 | 04：45 | 19：00 | | 20.40 | 50 |
| 2 月 12 日 | 13.25 | 05：15 | 18：30 | | 21.00 | 55 |
| 2 月 17 日 | 12.75 | 05：30 | 18：15 | | 21.40 | 60 |
| 2 月 22 日 | 12.75 | 05：45 | 18：00 | | 21.80 | 65 |
| 2 月 27 日 | 11.75 | 06：00 | 17：45 | | 22.00 | 70 |
| 3 月 4 日 | 11.25 | 06：15 | 17：30 | | 22.20 | 75 |
| 3 月 9 日 | 10.25 | 06：30 | 17：15 | | 21.85 | 80 |
| 3 月 14 日 | 10.25 | 06：45 | 17：00 | | 21.50 | 85 |

（续）

| 日期 | 日照时长/h | 开灯时间 | 关灯时间 | 改变备注 | 温度/℃ | 天/d |
|---|---|---|---|---|---|---|
| 3 月 19 日 | 10.25 | 06：45 | 17：00 | | 20.50 | 90 |
| 3 月 24 日 | 10.00 | 07：00 | 17：00 | | 19.50 | 95 |
| 3 月 29 日 | 10.00 | 07：00 | 17：00 | | 18.85 | 100 |
| 4 月 3 日 | 10.00 | 07：00 | 17：00 | | 18.20 | 105 |
| 4 月 8 日 | 10.00 | 07：00 | 17：00 | | 16.00 | 110 |
| 4 月 13 日 | 10.00 | 07：00 | 17：00 | | 16.00 | 115 |
| 4 月 18 日 | 10.50 | 06：45 | 17：15 | | 16.00 | 120 |

在繁殖季节的前半期，产卵活动发生在黎明之前；而繁殖季节后半期，产卵活动则发生在黄昏前后 1h 内。在工厂化养殖中，为了提高生产效率，通常会延长黄尾鰤的繁殖季节时长或者在非繁殖季节进行催产。相关操作主要通过控温和控制光照时数来调控繁殖周期。黄尾鰤亲鱼最适产卵温度为 21.5℃。如前文所述，在繁殖季节前半期，产卵活动发生在黎明，较方便进行卵的收集，而产卵季节后半期发生在黄昏前后，由于受时间限制往往会阻碍受精卵的及时收集，因此，在产卵季节后半期，应有专人看管产卵池，以确保能及时收集受精卵。

# 参 考 文 献

Fielder D S, Heasman M P. 2011. Hatchery manual for the production of Australian bass, mulloway and yellowtail kingfish. State of New South Wales through industry and investment NWS.

Gillanders B M, Ferrell D J, Andrew N L. 1999a. Aging methods for yellowtail kingfish, *Seriola lalandi*, and results from age- and size-based growth models. Fishery Bulletin, 97: 812-827.

Gillanders B M, Ferrell D J, Andrew N L. 1999b. Size at maturity and seasonal changes in gonad activity of yellowtail kingfish (*Seriola lalandi*, Carangidae) in New South Wales, Australia. New Zealand Journal of Marine and Freshwater Research, 33: 457-468.

Hutchison W. 2004. South Australian research and development institute (SARDI) //The second hatchery feeds and technology workshop. Novatel Century Sydney, Australia: 98-104.

Kolkovski S, Sakakura Y. 2004. Yellowtail kingfish, from larvae to mature fish-problems and opportunities// Cruz Suarez L E, Ricque Marine D, Nieto Lopez M G. Avances en Nutricíon Acuícola VII. Hermosillo, Sonora, Mexico: Simposium Internacional de Nutricíon Acuícola: 109-125.

Ma Z, Qin J G, Nie Z. 2012. Morphological changes of marine fish larvae and their nutrition need//Pourali K, Raad V N. Larvae: morphology, biology and life cycle. New York: Nova Science Publishers Inc: 1-20.

Moran D, Smith C K, Gara B, et al. 2007. Reproductive behavior and early development in yellowtail kingfish (*Seriola lalandi* Valenciennes 1833). Aquaculture, 262 (1): 95-104.

Mushiake K, Arai S, Matsumoto A, et al. 1993. Artificial insemination from 2 year-old cultured yellowtail fed with moist pellets. Nippon Suisan Gakkaishi, 59 (10): 1721-1726.

Nugroho E, Ferrell D J, Smith P, et al. 2001. Genetic divergence of kingfish from Japan, Australia and New Zealand inferred by microsatellite DNA and mitochondrial DNA control region markers. Fisheries Science, 67: 843-850.

Poortenaar C W, Hooker S H, Sharp N. 2001. Assessment of yellowtail kingfish (*Seriola lalandi lalandi*) reproductive physiology, as a basis for aquaculture development. Aquaculture, 201: 271-286.

Smith A K. 1987. Genetic variation and dispersal of the yellowtail kingfish, *Seriola lalandi*, from New South Wales water. Australia : University of New South Wales: 1-46.

Stuart K, Drawbridge M. 2012. Spawning and larval rearing of California yellowtail (*Seriola lalandi*) in Southern California. Bulletin Fisheries Research Agency, 35: 15-21.

Verakunpiriya V, Watanabe K, Mushiake K, et al. 1997a. Effect of krill meat supplementation in soft-dry pellets on spawning and quality of egg of yellowtail. Fisheries Science, 63 (3): 433-439.

Verakunpiriya, V, Mushiake, K, Kawano, K, et al. 1997b. Supplemental effect of astaxanthin in brood-stock diets on the quality of yellowtail eggs. Fisheries Science, 63 (5): 816-823.

Watanabe T, Sakamoto H, Abiru M, et al. 1991. Development of a new type of dry pellet for yellowtail. Nippon Suisan Gakkaishi, 49: 1411-1415.

# 第三章
# 黄尾鰤仔鱼和稚鱼的胚后发育与养殖

## 第一节　黄尾鰤受精卵的孵化

在黄尾鰤亲鱼营养状态良好的条件下，受精卵为浮性卵，受精卵的孵化率在90%～99%。人工催产条件下，受精卵通常漂浮在产卵缸表面，可以采用筛绢网或专用受精卵收集器进行收集。收集后的受精卵通常会采用 10 ml/m³ 的福尔马林或臭氧（推荐方法）进行消毒，去除残留在受精卵上的细菌、真菌以及病毒。消毒处理后的受精卵通常会被放入底部为锥形的孵化缸中进行孵化，孵化室可采用 12h：12h 光照处理，亦可采用 24h 全黑孵化。到目前为止，尚未有对孵化时的光照时数进行对比的报道。作者在澳大利亚南澳大利亚州阿德莱德进行的黄尾鰤育苗试验采用的孵化方法为 24h 全黑孵化，孵化率在91%～96%。黄尾鰤受精卵孵化周期通常在 2～4d（水温为 16～24℃），孵化速率主要取决于水温，水温高，孵化速率快（图 3-1）。

黄尾鰤受精卵一般采用室内流水孵化系统进行孵化（图 3-2）。孵化室通常控温、控光。控温系统一般包括两部分，第一部分为水体控温系统，主要由冷暖水交换机控制；第二部分

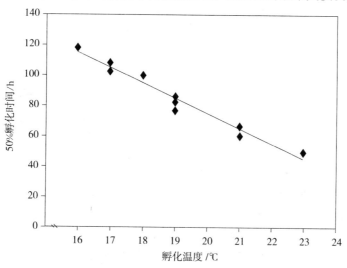

图 3-1　黄尾鰤受精卵 50% 孵化时的水温与时间的关系
(Moran et al，2007)

为室温控制系统，主要由空调控制。孵化用水通常需要进行前期处理以保障水质。孵化用水在进入孵化缸之前，需要经过 5μm 过滤器进行过滤、紫外消毒、控温等操作。黄尾鰤受精卵孵化缸内壁底部通常为黑色（图 3-2），底部中央出水口处配有白色圆环便于观察。孵化缸中央采用 300μm 筛绢网制成的出水柱进行排水，出水柱通常配有充气气环以防止出水时粘卵。此类孵化缸满载运行时，每升水体可孵化1 500个受精卵。

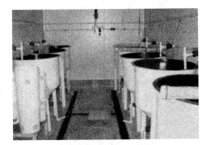

图 3-2　典型黄尾鰤受精卵孵化室
(Hutchsion，2004)

# 第二节　黄尾鰤受精卵、仔鱼和稚鱼的发育

## 一、受精卵发育

黄尾鰤受精卵的卵径在 1.33～1.50mm，具有单一油球，油球直径在 0.30～0.33mm。受精卵边缘模糊以及在胚胎形成过程中出现不对称卵裂是最常见的畸形受精卵（图 3-3，n；图 3-3，o）。试验数据表明，黄尾鰤受精卵卵径与油球球径在繁殖季节会随

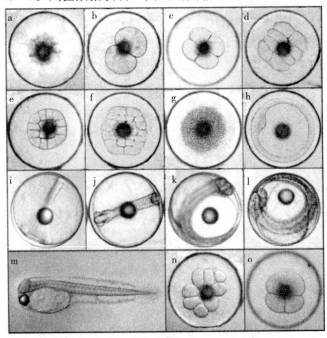

图 3-3　黄尾鰤受精卵发育示意图
(Moran et al，2007a)

a. 受精　b. 2 细胞期　c. 4 细胞期　d. 8 细胞期　e. 16 细胞期　f. 32 细胞期　g. 囊胚中期　h. 囊胚期　i. 胚胎期　j. 肌节胚胎期　k. 胚胎前期　l. 孵化前　m. 孵化后 4h 仔鱼　n. 不对称卵裂　o. 边缘模糊的囊胚期

时间的推移降低 15%～20%（图 3-4），但是截至目前，还未见受精卵、仔鱼数量与质量随产卵时间变化的相关报道（图 3-4，图 3-5）。

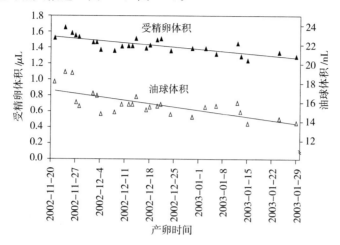

图 3-4　黄尾鰤受精卵体积在繁殖季节的大小变化
（Moran et al，2007a）

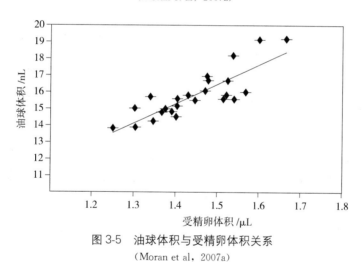

图 3-5　油球体积与受精卵体积关系
（Moran et al，2007a）

黄尾鰤受精卵孵化时间与温度为负相关（图 3-6），采用 $Q_{10}$ 方法进行温度与发育相关分析时，其发育温度取决率为 0.5。研究发现，黄尾鰤受精卵大小与发育时间、孵化温度没有显著关联（ANOVA，$F_{10,154} = 2.96$，$P = 0.15$，$n = 165$）（图 3-7，a）。初孵仔鱼体长与孵化温度为负相关（图 3-7，b）。在 22～24℃仔鱼生长速度比低温时生长速度快。卵黄囊大小在孵化时随温度升高而增大（图 3-7，c）。在黄尾鰤胚后发育中油球吸收率较稳定（图 3-7，d），且与孵化温度为正相关。在初始摄食阶段，黄尾鰤仔鱼油球在 18℃时较大且存在时间较长（图 3-7，d）。

例如，初孵仔鱼在暖水中孵化时体长小，但具有较大的卵黄囊和油球，在孵化温度为 16～24℃的范围内，初孵仔鱼开始摄食时孵化温度不影响其体长。

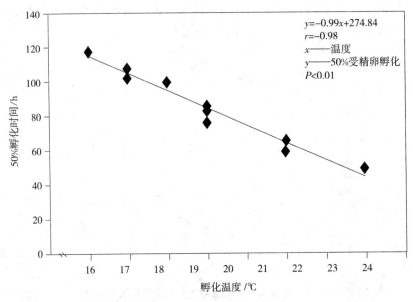

图 3-6  温度与黄尾鰤孵化时间的关系
（Moran et al，2007a）

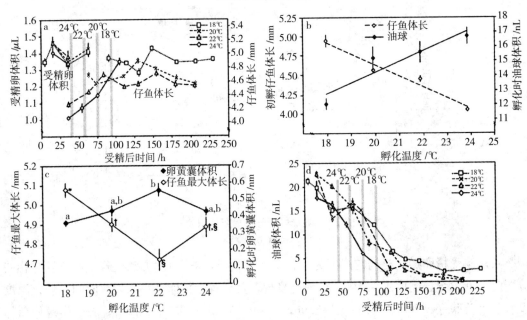

图 3-7  黄尾鰤受精卵和仔鱼的发育变化
（Moran et al，2007a）
a. 受精卵体积和仔鱼体长变化   b. 孵化后仔鱼体长与油球体积变化
c. 孵化后仔鱼最大体长与卵黄囊体积变化   d. 在不同温度下油球体积的变化

# 二、黄尾鰤仔鱼和稚鱼的消化生理

与大多数海水鱼类似，孵化后，黄尾鰤仔鱼的消化系统发育不完全。在孵化后第 1

天，黄尾鰤仔鱼消化道呈直管状，孵化后第 8 天消化道开始发生卷曲（图 3-8）。孵化后，黄尾鰤仔鱼要经过内源营养阶段—混合营养阶段—外源营养阶段的一系列发育，直至孵化后第 15 天，胃腺开始在胃部形成并开始分泌胃蛋白酶，孵化后第 19 天黄尾鰤仔鱼消化系统逐渐发育成熟，此时的消化系统发育成与成鱼类似的较完善的消化系统。

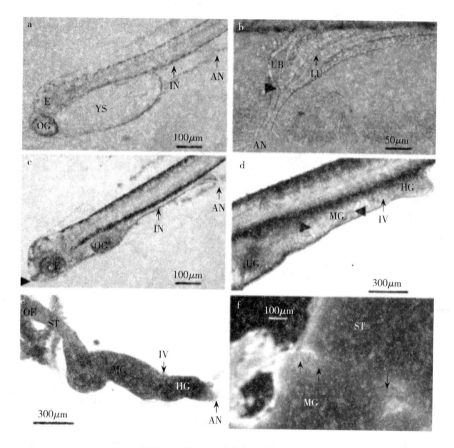

图 3-8　黄尾鰤消化道的胚后发育

(Chen et al，2006)

　a. 孵化后 0 天　b. 消化道前端　c. 孵化后第 2 天的消化道　d. 孵化后第 4 天的消化道　e. 孵化后第 8 天消化道开始卷曲　f. 孵化后第 24 天的幽门盲囊

　AN. 肛门　E. 眼睛　HG. 后肠　IN. 初期的肠道内　IV. 肠阀　MG. 中肠　OE. 食道　OG. 油球
ST. 胃　UB. 尿囊　YS. 卵黄囊

（1）颊咽发育　孵化后第 0 天，颊咽腔未形成（图 3-9，a），孵化后第 1 天形成口腔瓣膜背侧和腹侧上皮皱褶（图 3-9，b）。孵化后第 1 天，仔鱼开口前颊咽腔由单层鳞状上皮细胞构成。孵化后第 4 天，结缔组织复层鳞状上皮形成颊咽黏膜（图 3-9，c）。孵化后第 8 天咽齿在颊咽腔形成（图 3-9，d），咽齿数量随仔鱼生长增加。味蕾在孵化后第 8 天形成（图 3-9，d），在第 15 天数量显著增加（图 3-10，c）。

（2）食道　孵化后第 0 天，食道类似于早期肠道由单层立方上皮细胞构成简单管状食

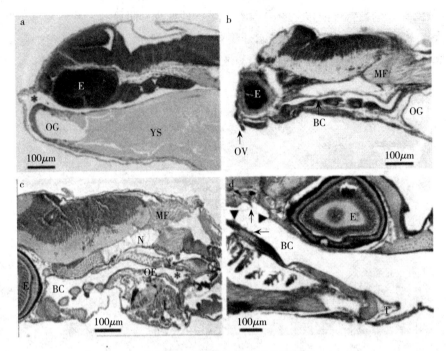

图 3-9　黄尾鲕口咽腔胚后发育

（Chen, et al, 2006）

a. 刚孵化的仔鱼头部　b. 第1天的仔鱼　c. 第4天的仔鱼　d. 第8天的仔鱼

BC. 口咽腔　E. 眼　L. 肝脏　MF. 肌肉纤维　N. 吻端　OE. 食道　OG. 油球　OV. 口瓣　T. 舌头　YS. 卵黄囊

道（图 3-10，a）。在颊咽腔的形成之前，消化道在食管处闭合。孵化后第3天，食道管腔形成且与复层鳞状上皮衬里连接颊咽腔和小肠（图 3-10，b）。孵化后第4天，胃由食道管后部扩展而形成（图 3-9，c）。食道由圆形横纹肌层所包围，伴随着仔鱼生长，其肌肉层逐渐增厚。孵化后第3天，当黄尾鲕仔鱼开口摄食时，食道内未见黏液细胞与褶皱。孵化后第5天，黏膜细胞在食道内形成，伴随仔鱼生长，黏膜细胞的数量迅速增加。孵化后第12天，通过 PAS 染色黏液细胞呈红色，这表明黏液细胞中含有中性糖蛋白或多糖物质。孵化后第15天，当黄尾鲕仔鱼的食物由轮虫过渡为卤虫无节幼体时，在食道后方会出现大量黏液细胞（图 3-10，c，d）。孵化后第5天进入外源营养阶段，纵行褶皱在食道管内形成，在孵化后第8天其数量显著增加（图 3-11，b）。食道黏膜皱襞是由简单的立方上皮所构成。孵化后第15天，许多纵向褶皱和黏膜细胞在食道与胃之间形成（图 3-10，d），但从孵化后第15～36天，没有实质性的组织学变化。

（3）胃　孵化后第4天胃由食道末端一个隆起形成（图 3-9，c）。孵化后第5天，一个初级的幽门括约肌形成，简单的立方上皮形成胃的黏膜（图 3-11，a）。孵化后第8天，胃和食管之间的边界是由鳞状上皮变化为简单的立方上皮（图 3-11，b）。孵化后第12天，幽门括约肌分离胃，肠和胃包括心脏和幽门的区域（图 3-11，c）。孵化后第15天，

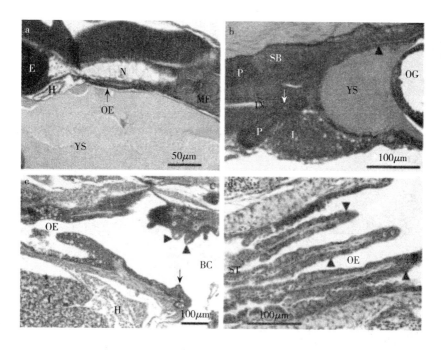

图 3-10　黄尾鲕食道的胚后发育

(Chen，et al，2006)

a. 刚孵化的仔鱼食道　b. 孵化后第 3 天的黄尾鲕食道　c. 孵化后第 15 天的食道　d. 黏膜细胞
BC. 口咽腔　E. 眼　H. 头部　IN. 早期肠　K. 肾　L. 肝　MF. 肌纤维　N. 吻端　OE. 食道
OG. 油球　P. 胰脏　SB. 鱼鳔　ST. 胃　YS. 卵黄囊

胃腺在胃内形成（图 3-11，d）。胃腺为简单的腺泡腺，在上皮之间的心脏和幽门区域下方（图 3-11，d）。胃腺由单一型分泌细胞构成，其顶端边缘 PAS 染色呈阳性。孵化后第 18 天，胃底部进一步分化，幽门区域形成（图 3-11，e）。胃腺分布在胃底部，但在幽门部位未见分布（图 3-11，f）。伴随着黄尾鲕仔鱼和稚鱼发育，胃底部区域被拉长，形成胃的最大部分。孵化后第 36 天，在胃的上皮未见杯状细胞。

（4）肠和幽门盲囊　刚孵化的黄尾鲕仔鱼早期肠道是由单层柱状细胞构成的（图 3-12，a）。孵化后第 3～4 天，当仔鱼由内源营养阶段转化为外源营养时，肠和幽门盲囊的结构发生变化。孵化后第 4 天肠瓣将肠道分为前肠与后肠（图 3-13，b）。随后，肠道中出现大量嗜酸性核空泡，表示蛋白质开始在肠道消化和吸收（图 3- 12，b）。孵化后第 5 天，在前肠可见脂质空泡（图 3-12，c）。孵化后第 8 天，刷状边缘形成，脂质空泡在前肠可见。与此同时，肠道褶皱在前肠和后肠中形成，后肠中出现更多的核上性细胞。孵化后第 12 天，大量脂质空泡出现在后肠的顶端部分，此时仔鱼主要以卤虫无节幼体为食（图 3-12，d）；在同一天，前肠出现大量核上性空泡，采用 Masson tri-chrome 染色后呈红色（图 3-12，e）。孵化后第 18 天，直肠在短暂缺乏肠上皮细胞后（图 3-12，e），嗜酸核上性核空泡形成，此时后肠核上性空泡的数量减少，而脂质空泡的数量在后肠中增加（图 3-12，f）。

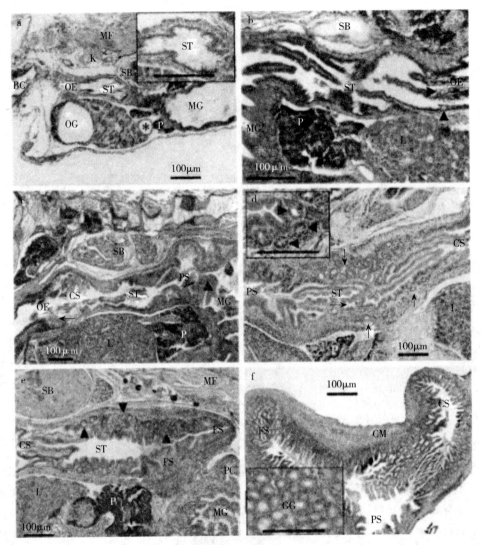

图 3-11　黄尾鲖仔鱼胃部发育

(Chen et al，2006)

a. 孵化后第 5 天的胃部　b. 孵化后第 8 天的胃部　c. 心脏和幽门　d. 孵化后第 15 天的胃腺　f. 孵化后第 24 天的胃腺在心脏和胃底部

BC. 口咽腔　CM. 圆形横纹肌　MG. 前肠　OE. 食道　OG. 油球　P. 胰脏　PC. 幽门盲囊　PS. 幽门　SB. 鱼鳔　ST. 胃　Y. 卵黄囊残余

（5）肝脏和胰腺　孵化后第 1 天，肝脏是一个球形的细胞，位于卵黄囊后方，孵化后第 3 天肝脏细胞逐渐增加（图 3-10，b）。孵化后第 5 天，血细胞与肝血窦出现（图 3-12，c）。胆囊是由单层柱状细胞构成，并位于肝脏和胰腺之间（图 3-11，a；图 3-12，c）。孵化后肝细胞成球形（图 3-11，b）。与早期相比，孵化后第 12 天，肝细胞排列紧密（图 3-11，c）。孵化后第 15 天当开始投喂卤虫时，大量用于储藏糖元与油脂的空泡出现在肝脏中（图 3-13，d），孵化后第 36 天，肝细胞质内充满含有脂类的空泡。

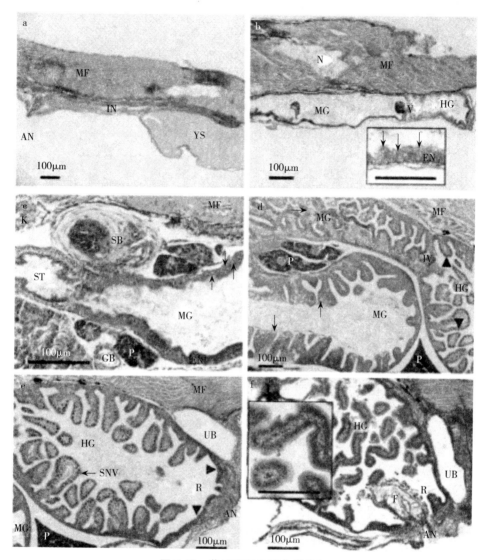

图 3-12　黄尾鰤仔鱼消化道纵切

（Chen et al, 2006）

　　a. 第 0 天的仔鱼消化道　b. 第 4 天的仔鱼消化道　c. 第 5 天的仔鱼消化道前端　d. 第 12 天的仔鱼消化道前端油脂空泡与消化道后端上皮空泡　e. 第 12 天的仔鱼消化道后端　f. 第 18 天的仔鱼消化道　AN. 肛门　EN. 肠上皮　F. 排泄物　GB. 胆囊　HG. 后肠　IN. 早期肠　IV. 肠阀　K. 肾　L. 肝　MF. 肌纤维　MG. 前肠　N. 吻端　P. 胰脏　R. 直肠　SB. 鱼鳔　SNV. 核上性核空泡　ST. 胃　UB. 尿囊　YS. 卵黄囊

　　黄尾鰤消化系统宏观发育过程如图 3-14 所示。在孵化后第 0 天，原始消化道存在，肛门打开。孵化后第 1 天，肝与胰腺形成。孵化后第 2 天，口张开。孵化后第 4 天，肠瓣、核上性核空泡形成。孵化后第 5 天，胃形成。孵化后第 8 天，消化道开始卷曲。孵化后第 12 天，杯状细胞在肠内形成。孵化后第 15 天，胃腺在胃部形成。孵化后第 18 天，胃底和幽门盲囊形成。

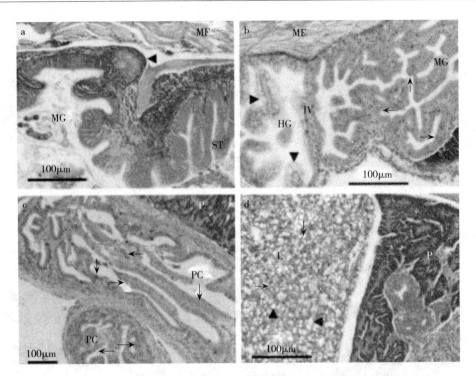

图 3-13 黄尾鰤仔鱼幽门盲囊、杯状细胞、肝脏和胰腺纵切

(Chen et al，2006)

a. 孵化后第 15 天，幽门盲囊芽（箭头），HE 染色　b. 孵化后第 12 天，中肠中杯状细胞（箭头处）和核性空泡（箭头处），PAS 染色　c. 孵化后第 36 天，幽门盲囊杯状细胞（箭头处），PAS 染色　d. 孵化后第 15 天的肝脏和胰腺，肝脏细胞（箭头处）、脂质空泡（箭头处）及在肝脏和胰腺中的酶原颗粒（＊）

HG. 后肠　IV. 肠阀　L. 肝脏　MF. 肌纤维　MG. 中肠　P. 胰腺　PC. 幽门盲囊　ST. 胃

胚后发育

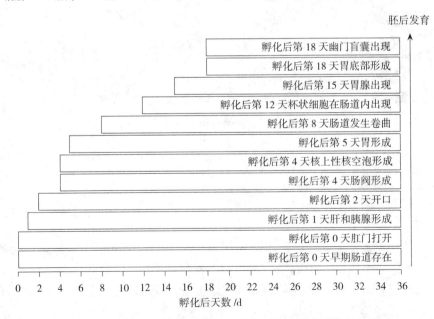

图 3-14 孵化后至第 36 天黄尾鰤仔鱼消化系统主要发育总结

# 三、黄尾鰤鱼鳔发育

大多数硬骨鱼类有鱼鳔，为位于体腔背方的长形薄囊。鱼鳔一般分为 2 室，内含有氧气、氮气、二氧化碳等混合气体。鱼类通过鱼鳔的收缩和膨胀可以使体内空气的含量发生变化，达到调节身体密度、改变浮力的作用，从而使鱼类在水中达到上浮或下沉的目的。鱼鳔随鱼体的生长而生长。鱼鳔的形状由鱼体的形状和腹腔的空间结构决定，使鱼体各点产生的浮力与不同部位产生的重力相抵消。

在海水鱼仔鱼、稚鱼阶段，鱼鳔充气通常发生在一个特定的时间内。发育初期，鱼鳔与仔鱼消化道相连接。在特定时期内，仔鱼通过上浮至水表面吞咽空气对鱼鳔进行充气，之后鱼鳔与消化道的连接切断（图 3-15）。如果仔鱼鱼鳔在此阶段充气失败，在之后的发育过程中，将不能进行充气。鱼鳔未充气对仔鱼之后的生长发育、成活率影响很大。鱼鳔未充气在海水鱼养殖中是一个普遍存在的问题（Woolley，2012）。当仔鱼的鱼鳔充气失败，会沉入缸底，与有害细菌接触或由于大量仔鱼聚集造成缺氧（Mangino and Watanabe，2006）。

在黄尾鰤人工育苗时，仔鱼和稚鱼鱼鳔充气率较低，直接导致在商业养殖后期大量死亡的发生（图 3-15）。为了解决黄尾鰤仔鱼和稚鱼鱼鳔的充气问题，在 2009—2012 年，澳大利亚相关研究机构（Australian Seafood CRC、Flinders University 和 South Australian Research and Development Institute Aquatic Center 等）与黄尾鰤苗种生产企业（Clean Seas Tuna Ltd)开展了一系列研究，内容包括黄尾鰤仔鱼和稚鱼的鱼体密度与鱼鳔的胚后发育，不同温度、光照强度、溶氧量对黄尾鰤仔鱼和稚鱼鱼鳔充气的影响。

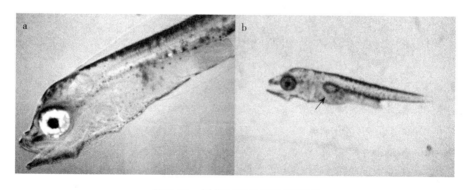

图 3-15　孵化后第 7 天的黄尾鰤

（Woolley，2012）

a. 鱼鳔未充气　b. 鱼鳔充气（黑色箭头处）

黄尾鰤仔鱼鱼鳔首次充气发生在孵化后第 3 天，此时仔鱼标准体长在 5.5 cm 左右。鱼鳔充气时间窗口与仔鱼初始摄食和油球吸收时间相关（图 3-16）。在显微镜下，可见成功充气的黄尾鰤仔鱼的鱼鳔为被色素细胞覆盖的可以反光的气泡（图 3-17）。在试验条件下养殖，黄尾鰤仔鱼在孵化后第 5 天的鱼鳔充气成功率在 70%～99%。

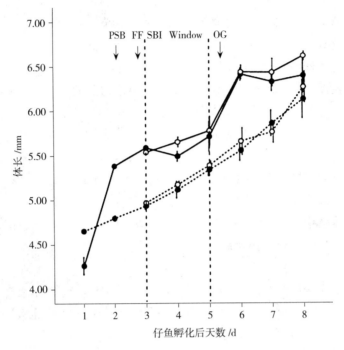

图 3-16　鱼鳔充气（●）与未充气（○）黄尾鰤仔鱼的标准体长（mean±SD）

(Woolley，2012)

PSB. 原始鳔发育时间　FF. 首次摄食　SBI window. 鱼鳔首次充气时间窗口　OG. 油球吸收

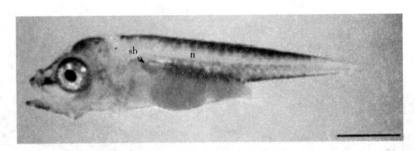

图 3-17　孵化后第 8 天黄尾鰤外部形态显微照片（鱼鳔成功充气）

(Woolley and Qin，2013)

n. 脊索　sb. 鱼鳔

　　黄尾鰤仔鱼在孵化后第 2～3 天嘴部张开，原始的鱼鳔结构在孵化第 2 天也可被观测到，此时可见鳔内充满液体。鱼鳔形成初期，作为消化道的外突位于前肠与脊索之间。随着细胞的逐渐分化，原始鳔结构外突，形成一个被色素细胞覆盖的独立结构。此时的鱼鳔由间充质细胞和柱状上皮细胞组成。鳔充气管源于前肠壁后端与原始鳔相连接（图 3-18，a）。

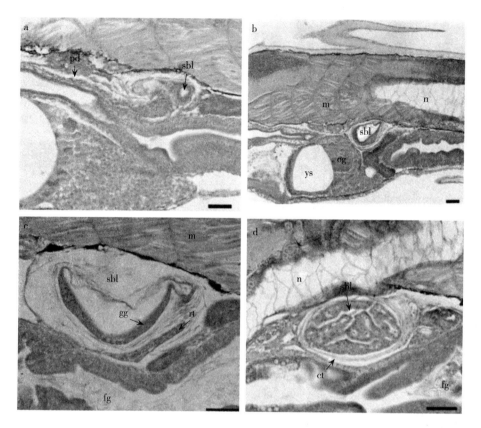

图 3-18  HE 染色黄尾鲕仔鱼组织切片

（Woolley and Qin，2013）

a. 充气管道连接食道与鱼鳔（孵化后第 2 天）  b. 鱼鳔与消化道分离  c. 孵化后第 5 天逆流毛细血管发育  d. 孵化后第 8 天肥厚的上皮细胞在未充气的鱼鳔内

ct. 结缔组织  fg. 前肠  gg. 气腺  rt. 鳔门异网  sbl. 鱼鳔管腔  ys. 卵黄囊

　　黄尾鲕仔鱼鱼鳔位于脊索下方，肾上方，卵黄囊和油球的后部（图 3-18，b）。当鱼鳔开始充气时，鳔腔增大逐渐成为独立的结构。鱼鳔在增大的过程中，鱼鳔上的上皮细胞逐渐变平，鳞状细胞形成。间质细胞逐渐分化成结缔组织包围鱼鳔。气腺形成主要由柱状上皮细胞组成（图 3-18，c）。在后腹部区域，微血管系统提供此时器官发育所需血液。此微血管系统围绕气腺，形成基础微血管系统用以控制鱼鳔中的气体交换（图 3-18，c）。鱼鳔充气后，鳔体积延长，在于体腔内占据很大一部分空间。鱼鳔体积随仔鱼生长而增大（图 3-19）。

　　孵化后第 5 天，黄尾鲕仔鱼鱼鳔分为充气鱼鳔和未充气鱼鳔。未充气鱼鳔由折叠的上皮细胞组成。未充气的黄尾鲕仔鱼鱼鳔上皮细胞肥大，整个鱼鳔内充满扭曲的上皮细胞（图 3-18，d）。当鱼鳔充气失败后，柱状细胞开始发生折叠，贯穿于鳔腔内，鱼鳔微血管系统的发育也随之停止。

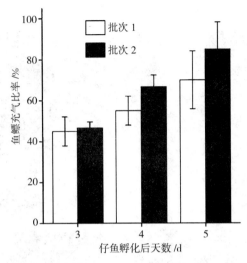

图 3-19 黄尾鰤仔鱼鱼鳔充气比率（mean±SD）
(Woolley, 2012)

# 四、黄尾鰤仔鱼和稚鱼的骨骼发育与畸形

## 1. 黄尾鰤仔鱼和稚鱼的骨骼发育

大多数海水鱼类仔鱼孵化后发育不完善，因此，在胚后发育过程中会经历很多重要的形态和功能变化。在此阶段，众多因子会影响到其正常发育，从而影响苗种质量。在仔鱼和稚鱼阶段，骨骼畸形现象（例如脊柱相关畸形、颌骨畸形等）普遍存在，骨骼畸形会导致鱼类运动能力、摄食能力降低，生长缓慢，成活率低（Cahu et al, 2003）。而长成的畸形鱼，由于外观不佳，市场价值很低，严重时无法销售，因此，畸形鱼苗的出现将会增加生产成本、影响养殖的经济效益。例如，2007 年澳大利亚南澳大利亚州的 Clean Seas Tuna Ltd 养殖公司因黄尾鰤鱼苗畸形造成的直接经济损失达 100 万澳元（Battaglene and Cobcroft，2007）。据统计，养殖鱼的畸形每年给整个欧洲水产养殖业带来的经济损失超过 5 000 万欧元（Hough，2009）。

黄尾鰤骨骼发育与其他海水鱼类似，颌骨软骨是其在胚后发育过程中第一个形成的骨骼。上颌骨和下颌骨骨骼轮廓在孵化后第 11 天明显（图 3-20，d）。在胚后发育过程中，快速发育的、较大的颅骨和口裂使得黄尾鰤仔鱼能够有效地进行摄食。

研究发现，黄尾鰤椎骨畸形与其鱼鳔充气可能有相关性。在脊椎骨增长过程中，头后部向上弯曲的脊椎骨和背腹压缩等种类的畸形（图 3-20，e；图 3-21）可导致鱼体脊柱弯曲或椎体融合率（短身）增加。

## 2. 黄尾鰤仔鱼和稚鱼的颌骨畸形

颌骨畸形在孵化后第 10 天即可被观测到（全长为 6.3mm），包括以下类型。

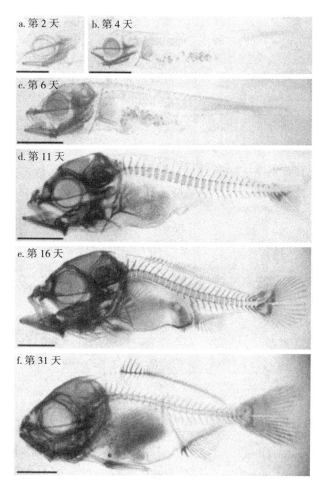

图 3-20　黄尾鰤仔鱼和稚鱼的骨骼发育
(Battaglene and Cobcroft，2007)

　　长下颌骨：下颌骨的长度超过上颌骨，有时下颌骨末端会呈现向上的弯头。在经过漂白和染色的样品中，上颌明显压缩小，向下弯曲，筛骨软骨和犁骨有弯曲现象，导致颌骨错位。

　　下颌短小：当口部闭合时，下颌比上颌短，这种畸形被认为是麦氏软骨在发育早期不

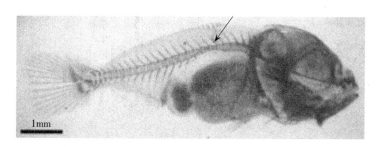

图 3-21　孵化后第 20 天脊椎骨畸形箭头示畸形
(Battaglene and Cobcroft，2007)

正常或者受到损伤造成的畸形。

下颌骨向下一侧弯曲：下颌骨向下一侧弯曲。

下颌骨一侧损坏：下颌骨损坏或向下一侧弯曲，常伴随着关节处中断（下颌前端中心）。发生此种畸形，鱼颌裂较大。在仔鱼和稚鱼养殖过程中，颌关节的受伤是造成该种畸形的主要原因。

上颌骨融合：在上颌骨和下颌骨之间软组织大量生长，上颌出现向内侧融合。在经过漂染的样品中，上颌骨和前颌骨向吻端弯曲和扭曲。

为了能更好地研究黄尾鰤的颌骨畸形，Battaglene 和 Cobcroft（2007）设计了一套统计黄尾鰤颌骨畸形的计分系统。该计分系统的分值范围是 0～3，0 为正常发育颌骨，3 为严重畸形颌骨（表 3-1）。

表 3-1　黄尾鰤仔鱼和稚鱼颌骨畸形计分标准

(Battaglene and Cobcroft，2007)

| 计分标准 | 颜色代码 | 描　述 |
| --- | --- | --- |
| 0 | | 正常发育口 |
| 0.5 | | 极轻微畸形，在实际生产中会被保留；下颌短小 |
| 1 | | 轻微畸形，生产中会被保留，下颌短小或长下颌，下颌向下弯曲或扭曲 |
| 2 | | 中度畸形，生产中大部分会被清除掉；非常短的下颌，非常长的上颌，上颌末端呈向上弯曲钩状 |
| 3 | | 严重畸形，颌骨两侧融合破碎或弯曲 |

研究表明，在不同发育时期，黄尾鰤颌骨畸形的发生频率有所不同（图 3-22）。黄尾鰤仔鱼体长在 7～9mm 和 11～16mm 时为颌骨畸形频发期。根据已知资料统计，在生产中黄尾鰤颌骨正常发育的比例在 45%～80%。0.5 型颌骨畸形的比率在 5%～20%，1 型

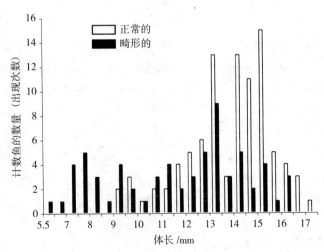

图 3-22　孵化后第 20 天不同体长的黄尾鰤颌骨畸形比率

(Battaglene and Cobcroft，2007)

颌骨畸形的比率在 4％～35％，2 型颌骨畸形发生的比率在 3％～35％，3 型颌骨畸形发生的比率＜1％（图 3-23）。

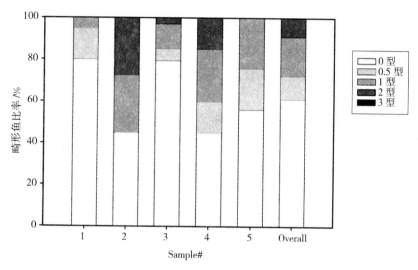

图 3-23　黄尾鰤颌骨畸形分级计数发生频率
(Battaglene and Cobcroft, 2007)

# 第三节　仔鱼和稚鱼的日常管理

## 一、仔鱼和稚鱼养殖模式

鰤鱼仔鱼和稚鱼的生长速度比一般的海水鱼类生长速度要快。其受精卵与初孵仔鱼也相对较大，鰤鱼的受精卵直径在 1.1mm 左右，初孵仔鱼全长在 4.5mm 左右。黄尾鰤仔鱼和稚鱼的投苗密度一般在 20～100 尾/L，用于养殖黄尾鰤仔鱼和稚鱼的水体通常会加入微绿球藻、小球藻进行绿水，加入小球藻不但会为轮虫提供饵料，也会为仔鱼和稚鱼摄食提供背景颜色。以 2t 的仔鱼和稚鱼饲养缸为例，通常配有 1～2 个气石，其主要作用是带动水体流动以及保证水体内溶氧量在较高水平。为了保证仔鱼和稚鱼能顺利进行鱼鳔充气，一般会将表面油污清洁器加入仔鱼和稚鱼饲养缸内用以收集水表面油污、残饲、杂质等。黄尾鰤仔鱼和稚鱼在孵化后第 3～4 天卵黄囊完全吸收，嘴部发育完全，开始摄食。

在绿水养殖模式和清水养殖模式中，黄尾鰤仔鱼和稚鱼摄食量随年龄增长和光照强度加大而增长，这证明黄尾鰤仔鱼和稚鱼视觉发育逐渐成熟。在孵化后前 3 天，黄尾鰤的摄食能力较弱，此时光照强度对于摄食影响相对较弱，由于运动能力弱、视觉系统尚未发育完善，此时黄尾鰤仔鱼处于相对被动的摄食阶段。当黄尾鰤仔鱼达到 6～7 日龄，伴随着其运动能力增强，视觉系统进一步发育，仔鱼摄食能力增强，此时最适光照强度在

1 600～3 400lx。试验表明，此时过低光照强度会显著影响黄尾鰤仔鱼摄食。有试验表明，在初次摄食时，如果缸内微藻密度超过 $16×10^6$ 个/mL 会显著降低黄尾鰤初始摄食的成功率。

　　室内工厂化养殖的黄尾鰤仔鱼和稚鱼饲料典型饲喂模式见图3-24，通常在初始摄食阶段投喂褶皱壁尾轮虫，伴随仔鱼生长，逐渐由轮虫过渡到卤虫无节幼体，最终投喂颗粒饲料。在工厂化养殖过程中，轮虫、卤虫在投喂到育苗缸内之前会经过12h的强化过程。轮虫、卤虫的养殖和强化详见第五章。黄尾鰤稚鱼投喂颗粒饲料的时间一般从孵化后12d开始，通常会经过一个5～8d的混合投喂期，即卤虫与颗粒饲料同时投喂。但试验证明，20d以后进行颗粒饲料转化有助于提高黄尾鰤稚鱼的生长与成活。

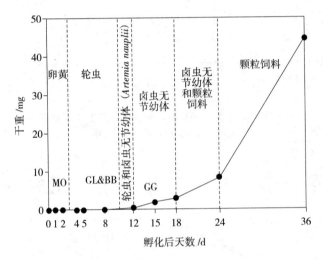

图3-24　典型黄尾鰤仔鱼和稚鱼投喂模式

(Chen et al, 2006)

# 二、黄尾鰤初始摄食时间与摄食量

　　试验证明，仔鱼初次开口摄食时间往往影响到黄尾鰤仔鱼和稚鱼的生长与成活。在卵黄囊完全吸收后短期的饥饿会导致黄尾鰤仔鱼和稚鱼生长缓慢、运动异常、畸形、消化道上壁变薄、消化能力下降。不仅如此，长时间饥饿会导致仔鱼失去摄食与消化能力。Blaxter 和 Hempel（1963）为仔鱼定义了一个不可逆点（point of no return）：当有50%的仔鱼仍旧成活，但无法进食，称该点为不可逆点，又称作不可逆饥饿。在仔鱼胚后发育过程中，如果初始摄食推迟到不可逆点之后，仔鱼往往很难成活。研究发现，达到不可逆点的时间通常随着水温的升高而降低。作者研究发现，黄尾鰤达到不可逆点的时间随温度的增高而降低，在水温为27℃时，黄尾鰤仔鱼达到不可逆点的时间为3.7d，养殖水温在25℃时，黄尾鰤仔鱼达到不可逆点的时间为4.7d，当水温为23℃时，黄尾鰤仔鱼达到不可逆点的时间为6.3d，当水温为21℃时，黄尾鰤仔鱼达到不可逆点的时间为7.3d。因此，在黄尾鰤初孵仔鱼的养殖过程中，为避免由温度造成的大规模死亡，养殖前期应注意控温。

# 三、轮虫阶段投喂量

由于黄尾鰤初孵仔鱼摄食能力差，为了确保初孵仔鱼成功摄食，生产上常采用高密度轮虫投喂。作者研究发现，早期高密度轮虫投喂虽然在一定程度上可促进黄尾鰤仔鱼生长，但并未能改善黄尾鰤仔鱼的成活率（图 3-25）。从整体来看，轮虫投喂密度不会影响到黄尾鰤仔鱼每餐的轮虫消费量。在孵化后第 3 天，黄尾鰤仔鱼的平均摄食量为每餐

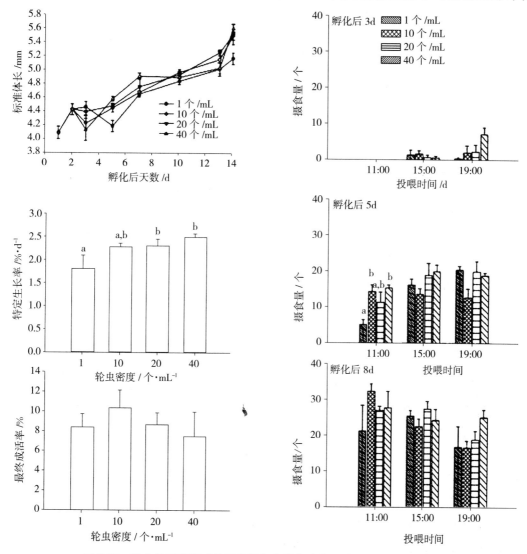

图 3-25　轮虫投喂密度对黄尾鰤仔鱼和稚鱼生长、成活、摄食量的影响

（Ma et al，2013）

养殖温度为 23℃

1.06～2.91 个轮虫，该摄食量不受轮虫投喂密度影响。在孵化后第 5 天，黄尾鰤仔鱼每餐轮虫消费量显著提高，达到 8～22 个；孵化后第 8 天，黄尾鰤仔鱼每餐轮虫消费量在 18～35 个。在轮虫向卤虫无节幼体过渡时期，前期轮虫投喂量显著影响到黄尾鰤仔鱼和稚鱼的食物选择性，高轮虫投喂量处理组的黄尾鰤仔鱼比低投喂量处理组先选择卤虫无节幼体，轮虫投喂密度在 1 个/mL 的仔鱼在过渡期始终避免选择卤虫无节幼体（图 3-26）。研究表明，在轮虫阶段，0～6d 黄尾鰤仔鱼和稚鱼的最适轮虫投喂密度为 20～40 个/mL，随后 10～20 个/mL 的投喂密度可满足黄尾鰤仔鱼和稚鱼的生长发育需求。

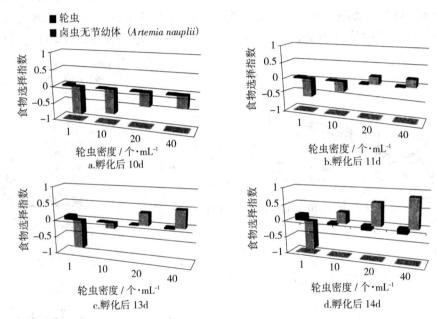

图 3-26　不同轮虫投喂密度下黄尾鰤仔鱼和稚鱼对卤虫无节幼体的食物选择性
(Ma et al，2013)

# 四、卤虫阶段投喂量

经过 10d 左右的胚后发育，黄尾鰤仔鱼运动、摄食器官进一步发育，消化系统趋于完善，此时开始逐渐投喂卤虫无节幼体。此时黄尾鰤仔鱼生长迅速，摄食量迅速增加。通常在此阶段，卤虫无节幼体投喂量为非固定量，随仔鱼和稚鱼的生长而增加投喂量（图 3-27）。在增加投喂量时应注意缸内仔鱼和稚鱼数量及水质情况。过度投喂通常会造成不必要的浪费。作者研究发现，增加卤虫无节幼体的投喂量会促进黄尾鰤仔鱼和稚鱼生长与成活，但不会影响到其每天的摄食量（图 3-28，图 3-29）。综合作者前期研究结果，建议黄尾鰤仔鱼和稚鱼最适卤虫无节幼体投喂模式如下：第 15 天，投喂卤虫无节幼体量应在 0.8 个/mL，然后每日以 90%～110% 的增长速度增加投喂量直至孵化后第 22 天。由于卤虫无节幼体自身营养通常达不到黄尾鰤稚鱼的营养需求，因此，在投喂前应对卤虫无节幼

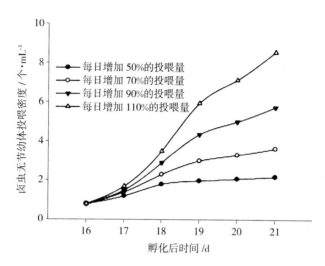

图 3-27　黄尾鰤仔鱼和稚鱼卤虫投喂量
（Ma et al，2013）

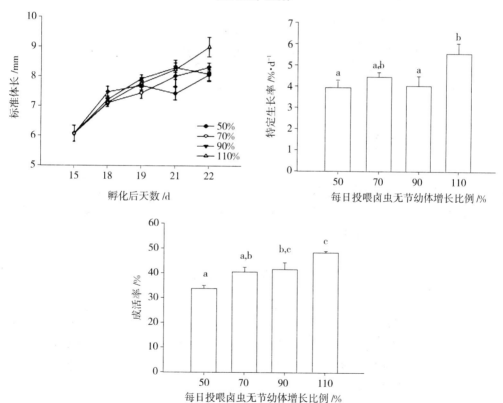

图 3-28　卤虫阶段投喂量对黄尾鰤稚鱼生长和成活率的影响
（Ma et al，2013）
上标字母不同者之间表示存在显著差异（$P<0.05$）

体进行营养强化。强化剂可选用微藻膏、藻液或油性强化剂，油性强化剂如 S. presso、DHA Super Selco 应采用搅拌机进行匀浆至少 3min。由于卤虫无节幼体达到Ⅱ期以后自

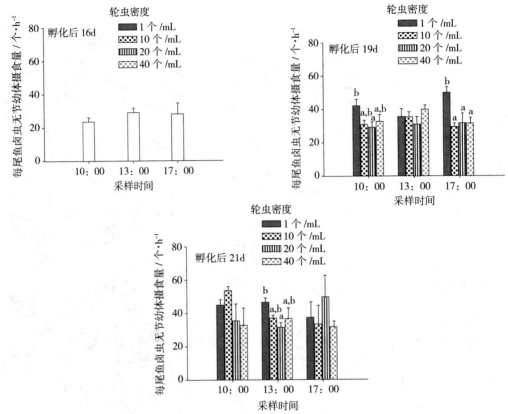

图 3-29　卤虫无节幼体阶段投喂量对黄尾鰤稚鱼摄食量的影响

(Ma et al, 2013)

上标字母不同者之间表示存在显著差异（$P<0.05$）

身新陈代谢加快，为了能保证其强化后的营养质量，卤虫无节幼体强化后应及时投喂。如果未能及时投喂，收获卤虫无节幼体后应对其进行降温处理以达到降低其新陈代谢的目的。卤虫卵去壳、强化的详细操作参见第五章。

# 五、生物饵料利用率

现阶段黄尾鰤仔鱼和稚鱼养殖主要面临的问题是生物饵料利用率低。由于仔鱼的生理发育特点，为了保证其摄食成功率，在生产上不可避免地要投喂高密度生物饵料。据作者统计，在黄尾鰤仔鱼养殖过程中，轮虫的利用在 10% 左右，90% 的轮虫在流水养殖系统中被冲走，造成极大的浪费。过量的饵料不仅不会提高黄尾鰤仔鱼的摄食成功率，反而会增加仔鱼的肠排空速率，导致摄取的饵料未被消化就直接排出体外。不仅如此，过量的生物饵料还会影响水质，导致溶氧量降低，使氨氮、pH 发生变化。因此，作者建议，不显著影响黄尾鰤仔鱼和稚鱼摄食的情况下，应尽量选择低密度投喂。

图 3-30 计算了孵化后第 7 天黄尾鰤仔鱼的轮虫消费量，从结果可以看出，轮虫投喂密度并不影响黄尾鰤仔鱼每天的轮虫消费量。但是从经济角度考虑，轮虫利用率则伴随着

轮虫投喂密度的增加而降低。因此，作者建议，在不影响黄尾鲕仔鱼摄食的情况下，应该适当降低轮虫的投喂密度。与轮虫的摄食量与利用率相似，在第 20 天，卤虫的投喂密度不影响黄尾鲕稚鱼的摄食量，但其利用率随着投喂密度的增加而降低。在卤虫投喂阶段，另外一个需要注意的事项为晚间投喂量，即末餐投喂量。由于黄尾鲕仔鱼和稚鱼鱼鳔尚未发育完全，如果晚间投喂量过大，若仔鱼和稚鱼摄食过多，会导致其身体密度增加，从而长时间位于缸底部，造成缺氧死亡。因此，作者建议，在晚间投喂卤虫无节幼体时，应注意减量，根据缸内总鱼量，将投喂量降至正常投喂量的 1/3 至 1/2。

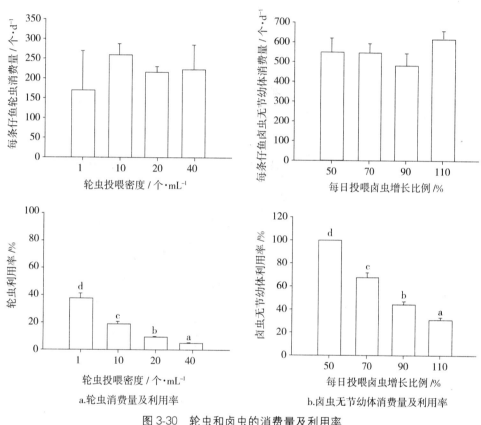

a.轮虫消费量及利用率　　　　　b.卤虫无节幼体消费量及利用率

图 3-30　轮虫和卤虫的消费量及利用率

(Ma et al，2013)

上标字母不同者之间表示存在显著差异（$P<0.05$）

## 六、黄尾鲕颗粒饲料投喂时间

由于现阶段技术所限，在海水鱼育苗中，人工颗粒饲料还不能完全取代生物饵料。因此，在大多数海水鱼类的育苗过程中，生物饵料如轮虫、卤虫无节幼体还在被广泛使用。由于使用生物饵料生产成本高，饵料质量（尤其是营养质量）不能保障等问题的存在，尽早投喂人工颗粒饲料已成为海水鱼育苗的一个趋势。试验证明，颗粒饲料的投喂时间应与仔鱼和稚鱼消化系统发育保持一致，胃腺形成与胃蛋白酶的分泌被认为是仔鱼和稚鱼消化系统成熟的标志。胃腺形成后蛋白质的消化酶逐渐由胰蛋白酶转化为胃蛋白酶。此时被认为是投喂颗粒饲料的最早时间。

　　试验证明，黄尾鰤的胃腺在第 15 天左右形成（图 3-31），胃蛋白酶在此段时间内可以被检测出。据此，作者开展了关于黄尾鰤早期投喂颗粒饲料的试验，分别在黄尾鰤受精卵孵化后第 10 天，第 13 天，第 16 天，第 19 天，第 22 天开始投喂颗粒饲料（图 3-32）。试验以生长、成活、组织发育、鱼体营养状态等为评价指标，探索黄尾鰤仔鱼和稚鱼的最适颗粒饲料投喂时间。

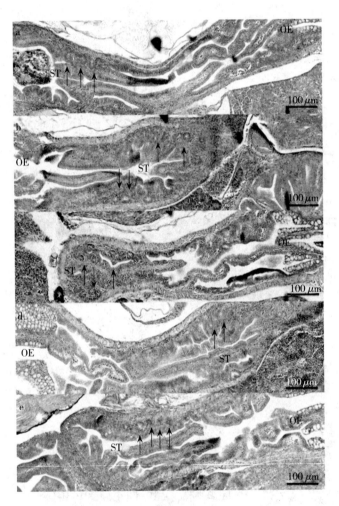

图 3-31　在不同时间投喂颗粒饲料时孵化后第 15 天黄尾鰤的食道和胃部
（HE 染色，图中黑色箭头处为黄尾鰤胃腺）
　　a. 孵化后第 10 天开始投喂颗粒饲料　b. 孵化后第 13 天开始投喂颗粒饲料　c. 孵化后第 16
天开始投喂颗粒饲料　d. 孵化后第 19 天开始投喂颗粒饲料　e. 孵化后第 22 天开始投喂颗粒
饲料
　　ST. 胃　OE. 食道

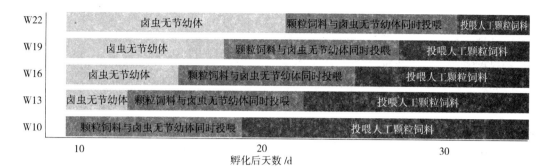

图 3-32　黄尾鰤颗粒饲料的投喂时间

W10. 孵化后第 10 天开始投喂颗粒饲料　W13. 孵化后第 13 天开始投喂颗粒饲料　W16. 孵化后第 16 天开始
投喂颗粒饲料　W19. 孵化后第 19 天开始投喂颗粒饲料　W22. 孵化后第 22 天开始投喂颗粒饲料

　　研究结果表明，颗粒饲料投喂时间对黄尾鰤仔鱼和稚鱼生长与成活有显著影响（$P<$ 0.05，图 3-33），生长与成活率随颗粒饲料投喂时间的推迟而增加。生长与成活率在孵化

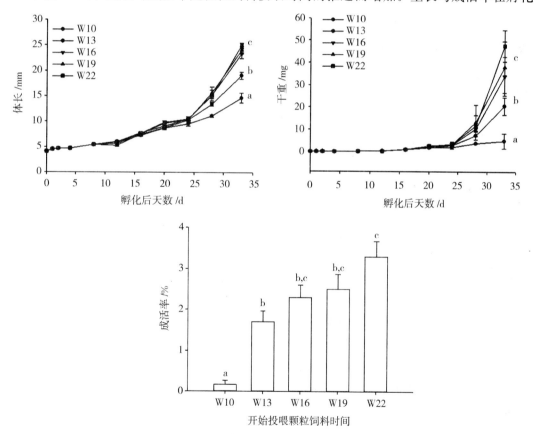

图 3-33　不同时间投喂颗粒饲料时黄尾鰤仔鱼和稚鱼的体长、干重及成活率

（Ma，2012）

上标字母不同者之间表示存在显著差异（$P<0.05$）

W10. 孵化后第 10 天开始投喂颗粒饲料　W13. 孵化后第 13 天开始投喂颗粒饲料　W16. 孵化后第 16 天开始
投喂颗粒饲料　W19 孵化后第 19 天开始投喂颗粒饲料　W22. 孵化后第 22 天开始投喂颗粒饲料

后第 10 天开始投喂颗粒饲料的处理下最低，在第 16 天，第 19 天，第 22 天开始投喂颗粒饲料的处理下没有显著差异（P＞0.05）。从生长与成活率来看，黄尾鲕仔鱼和稚鱼最早投喂颗粒饲料的时间应在孵化后第 13～16 天。如果需要保证生长与成活率，投喂颗粒饲料的时间应在孵化后第 19 天开始。

试验证明，投喂颗粒饲料的时间对黄尾鲕仔鱼和稚鱼的消化道上皮细胞的高度影响显著（图 3-34）。在黄尾鲕仔鱼和稚鱼消化系统成熟之前，投喂颗粒饲料会使消化道上皮细胞高度降低。在胃腺形成、胃蛋白酶分泌之后，投喂颗粒饲料对消化道上皮细胞的高度影响不显著（图 3-34，W19，W22）。在仔鱼和稚鱼发育初期，当鱼体处于饥饿状态时，其消化道上皮细胞的高度会降低（Domeneghini，et al 2002；Oozeki et al，1989）。由于无法消化颗粒饲料，早期投喂颗粒饲料可能会造成黄尾鲕仔鱼和稚鱼的相对饥饿，导致其消化道内上皮细胞的高度降低。但亦有学者认为，早期投喂颗粒饲料会对鱼体消化道上皮细胞造成机械侵蚀，从而导致消化道上皮细胞的高度降低（Hamza et al，2007）。

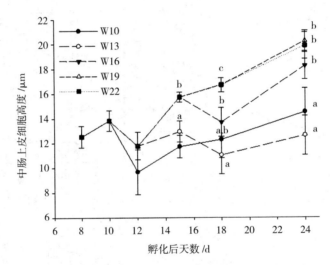

图 3-34　不同时间投喂颗粒饲料对黄尾鲕消化道上皮细胞高度的影响
上标字母不同者之间表示存在显著差异（P＜0.05）
W10. 孵化后第 10 天开始投喂颗粒饲料　W13. 孵化后第 13 天开始投喂颗粒饲料　W16. 孵化后第 16 天开始投喂颗粒饲料　W19. 孵化后第 19 天开始投喂颗粒饲料　W22. 孵化后第 22 天开始投喂颗粒饲料

鱼体总脂肪及脂肪酸含量通常被用于评价鱼体营养状态。在颗粒饲料投喂试验中，作者采用鱼体总脂肪酸、不饱和脂肪酸变化来评价颗粒饲料投喂时间对黄尾鲕仔鱼和稚鱼营养状态的影响（图 3-35）。试验结果表明，在孵化后第 10 天、第 13 天投喂颗粒饲料会导致鱼体总脂肪含量出现负增长。在孵化后第 16 天投喂颗粒饲料时，鱼体总脂肪含量没有显著变化，而在第 19 天以后投喂颗粒饲料时，鱼体总脂肪含量呈增加趋势。从总脂肪含量变化规律来看，早于第 16 天开始投喂颗粒饲料，会影响鱼体营养状态，而在孵化后第 19 天开始投喂颗粒饲料会对鱼体营养状态产生积极影响。

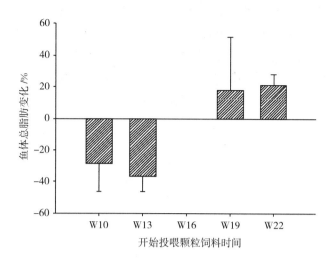

图 3-35　在不同时间投喂颗粒饲料时黄尾鲕仔鱼和稚鱼鱼体总脂肪变化规律

（Ma et al，2012）

W10. 孵化后第 10 天开始投喂颗粒饲料　W13. 孵化后第 13 天开始投喂颗粒饲料　W16. 孵化
后第 16 天开始投喂颗粒饲料　W19. 孵化后第 19 天开始投喂颗粒饲料　W22. 孵化后第 22 天开始
投喂颗粒饲料

　　作者研究发现，颗粒饲料投喂时间对鱼体脂肪酸含量变化有显著影响（图 3-36）。其
中 n-3 类脂肪酸在投喂颗粒饲料后出现负增长现象。在孵化后第 10 天开始投喂颗粒饲料
的鱼体，n-6 类脂肪酸出现负增长现象，与之相反，在孵化后第 13 天开始投喂颗粒饲料，
黄尾鲕仔鱼和稚鱼 n-6 类脂肪酸保持正增长。与 n-6 类和 n-3 类脂肪酸相比，n-9 类脂肪
酸变化趋势有所不同，当投喂颗粒饲料的时间在孵化后第 16 天和第 19 天时，黄尾鲕仔鱼

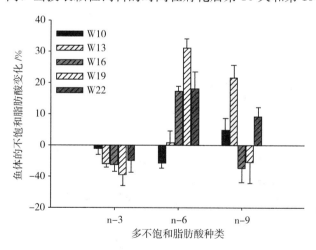

图 3-36　在不同时间投喂颗粒饲料时黄尾鲕仔鱼和稚鱼多不饱和脂肪酸变化规律

（Ma et al，2012）

W10. 孵化后第 10 天开始投喂颗粒饲料　W13. 孵化后第 13 天开始投喂颗粒饲料　W16. 孵化
后第 16 天开始投喂颗粒饲料　W19. 孵化后第 19 天开始投喂颗粒饲料　W22. 孵化后第 22 天开始
投喂颗粒饲料

和稚鱼 n-9 类脂肪酸出现负增长现象，而在孵化后第 10 天、第 13 天和第 22 天开始投喂颗粒饲料时，黄尾鰤仔鱼和稚鱼鱼体 n-9 类脂肪酸保持正增长趋势。

颗粒饲料投喂时间对黄尾鰤仔鱼和稚鱼总体颌骨畸形的影响不显著（$P>0.05$，图 3-37），但会影响颌骨畸形类别。过早投喂颗粒饲料时，黄尾鰤颌骨 1 型畸形较多。随着投喂颗粒饲料时间的延后，0.5 型颌骨畸形呈现先增加后降低的趋势。而 2 型颌骨畸形出现比率则保持相对稳定，3 型颌骨畸形出现比率低于 1%。

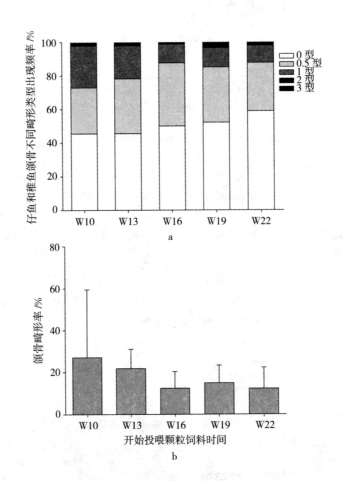

图 3-37　在不同时间投喂颗粒饲料时黄尾鰤仔鱼和稚鱼颌骨的畸形率

W10. 孵化后第 10 天开始投喂颗粒饲料　W13. 孵化后第 13 天开始投喂颗粒饲料　W16. 孵化后第 16 天开始投喂颗粒饲料　W19. 孵化后第 19 天开始投喂颗粒饲料　W22. 孵化后第 22 天开始投喂颗粒饲料

# 七、温度对黄尾鰤仔鱼和稚鱼的影响

作为育苗阶段的一个重要环境因子，温度能显著影响仔鱼和稚鱼的生长与成活率（Blaxter，1992；Person-Le et al，1991；Ye et al，2011）。在适宜温度范围内，温度增加可以加快仔鱼和稚鱼个体发育，但是过高的温度会影响仔鱼和稚鱼的成活率（Bustos et al，2007；Fie lder et al，2005）。在仔鱼发育过程中，处于低温生长条件下的仔鱼在进入变态期时体形较大（Aritaki and Seikai，2004；Martínez-Palacios et al，2002）。在高温养殖条件下，初孵仔鱼的卵黄吸收速度加快，内源营养阶段的时间缩短（Bustos et al，2007；Dou et al，2005；Fukuhara，1990）。由此可见，在仔鱼和稚鱼养殖过程中选择适宜的养殖温度至关重要。

2010 年，作者曾经开展过探索黄尾鰤仔鱼和稚鱼最适养殖温度的试验。试验采用恒定温度（21℃，23℃，25℃，27℃）对黄尾鰤进行育苗，以生长、成活率、不可逆点（point of no return，PNR）、畸形率等作为评价指标来探索黄尾鰤最适养殖温度。根据上述试验得出的结论，以生长、成活率、摄食、畸形率等作为评价指标，探索在固定温度和变温条件下黄尾鰤的养殖模式，详见图 3-38 所示。

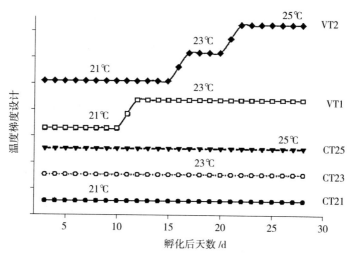

图 3-38　黄尾鰤仔鱼和稚鱼温度梯度设计

CT21. 恒温 21℃　CT23. 恒温 23℃　CT25. 恒温 25℃　VT1.21℃ 10d，升温至25℃直至试验结束　VT2.21℃ 13d，升温至 23℃　3d 后升温至 25℃，之后温度保持在 25℃直至试验结束

研究表明，温度显著影响黄尾鰤仔鱼和稚鱼的摄食、生长、成活率及颌骨畸形率（图3-39）。黄尾鰤仔鱼在 21℃、23℃、25℃、27℃达到不可逆点的时间分别为 7.3d、6.3d、4.7d、3.7d。当黄尾鰤仔鱼达到不可逆点时，未能完成初始摄食并建立外源营养供给的仔鱼和稚鱼，将出现大量死亡的现象。在恒定温度养殖条件下，黄尾鰤仔鱼成活率随温度的升高而降低，颌骨畸形率则随温度的升高而升高。研究发现，在 25℃时黄尾鰤颌骨畸形率超过 60%，而在 21℃时黄尾鰤仔鱼颌骨畸形率低于 10%。

研究表明，温度能显著影响黄尾鰤仔鱼和稚鱼的摄食（图3-40）。孵化后第 4 天，在 25℃饲养条件下，黄尾鰤仔鱼的摄食量显著高于 21℃和 23℃时。孵化后第 9 天，饲养在 25℃条件下的黄尾鰤摄食量则显著低于 21℃和 23℃时。与此同时，饲养在 25℃条

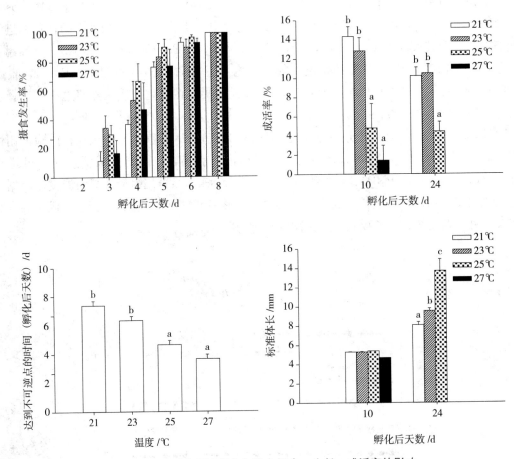

图 3-39　温度对黄尾鰤仔鱼和稚鱼摄食、生长、成活率的影响

(Ma，2012)

上标字母不同者之间表示存在显著差异（$P<0.05$）

件下的黄尾鰤仔鱼死亡率则显著高于低温组。这可能是由于在高温条件下，黄尾鰤仔鱼和稚鱼到达不可逆点的时间缩短。在达到不可逆点以后，黄尾鰤仔鱼失去摄食、消化外源食物的能力，从而导致大规模死亡。孵化后第 11 天，饲养在 25℃ 条件下的黄尾鰤仔鱼摄食量有所回升，且与饲养在 21℃ 和 23℃ 条件下的黄尾鰤仔鱼的摄食量没有显著差异。从孵化后第 19 天开始直至第 28 天，饲养在 25℃ 条件下的黄尾鰤仔鱼和稚鱼的摄食量显著高于低温组。由此可见，黄尾鰤在孵化后前 9 天对温度比较敏感，在此时期内，黄尾鰤仔鱼不适合饲养在 25℃ 条件下，从孵化后第 10 天开始，黄尾鰤仔鱼从生理上可以接受 25℃ 的饲养条件。

温度对黄尾鰤仔鱼和稚鱼的食物选择性有显著影响（图 3-41）。在黄尾鰤仔鱼和稚鱼摄食后的食物转化过程中，其转化速率随温度的升高而增加。研究发现，黄尾鰤在 25℃ 饲养条件下，接受卤虫无节幼体的速率比在 21℃ 和 23℃ 饲养条件下快。

从上述结果来看，孵化初期黄尾鰤仔鱼的最适养殖温度应在 21～23℃，温度超过

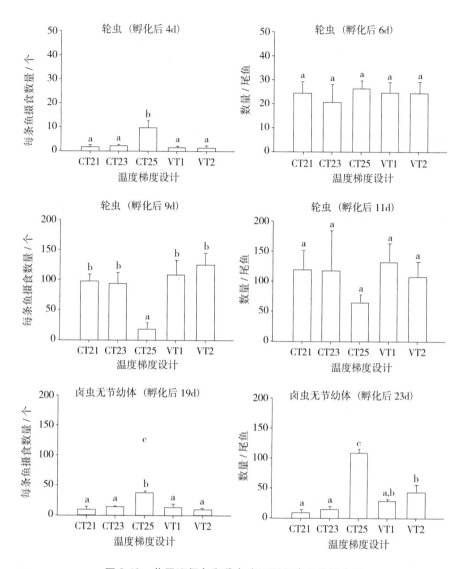

图 3-40 黄尾鰤仔鱼和稚鱼在不同温度下的摄食量

(Ma，2012)

上标字母不同者之间表示存在显著差异（$P<0.05$）

CT21.21℃ CT23.23℃ CT25.25℃ VT1.21℃ 8d，23℃ 18d VT2.21℃ 13d，23℃ 5d，25℃8d

25℃会显著影响黄尾鰤仔鱼和稚鱼的摄食和成活率。孵化第 11 天之后，在 25℃条件下黄尾鰤摄食量恢复正常。这说明在此时，黄尾鰤已经渡过生理上对温度的不适应期。此时可以将养殖水温升至 25℃，以促进其摄食与生长。因此，在黄尾鰤育苗前期，为了保证仔鱼的成活率，建议在初孵仔鱼阶段养殖温度控制在 21℃。为了促进黄尾鰤仔鱼和稚鱼摄食、提高黄尾鰤仔鱼和稚鱼的生长速率，可以考虑从孵化后第 10 天起开始升温，升温操作模式可以参照 VT2 的参数进行操作。

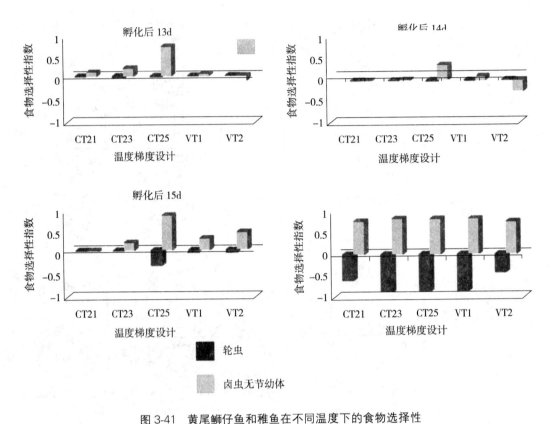

图 3-41　黄尾鲕仔鱼和稚鱼在不同温度下的食物选择性

CT21. 21℃　CT23. 23℃　CT25. 25℃　VT1. 21℃ 8d，23℃ 18d　VT2. 21℃ 13d，23℃ 5d，25℃ 8d

## 八、黄尾鲕受精卵、仔鱼和稚鱼的能量代谢

黄尾鲕在孵化时的氧气吸收率以及在胚胎时期的耗氧率与孵化温度呈负相关关系，其 $Q_{10}$ 分析值小于 1，这主要是由于在胚胎和初孵仔鱼时期，在温度较高的水体内孵化耗氧量较低（图 3-42）。产卵后，在黄尾鲕受精卵内即可检测到高浓度的游离氨基酸〔（188±15.3）nmol/ind〕，主要为丙氨酸、甘氨酸、异亮氨酸、亮氨酸、丝氨酸和缬氨酸等中性氨基酸（图 3-43）。

在孵化前，游离氨基酸随时间推移被迅速吸收（20～40 nmol/ind），此后被甘氨酸、丝氨酸、缬氨酸和精氨酸等氨基酸取代。在孵化时，浮力的降低与游离氨基酸含量的降低相关。胚胎发育过程中的代谢燃料使用顺序与其他浮性卵的海洋鱼类类似，与游离氨基酸的分解代谢相比，碳水化合物、脂类和蛋白质代谢作用相对较小。黄尾鲕受精卵在 17℃、19℃ 和 21℃ 孵化时，代谢产物浓度较为类似（图 3-44）。但是，当黄尾鲕受精卵在 23℃ 孵化时，其代谢模式与低温时不同。

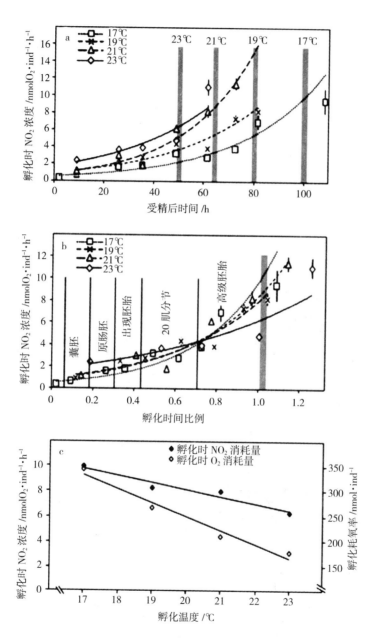

图 3-42 在不同温度下黄尾鰤受精卵与仔鱼和稚鱼的耗氧率

(Moran et al，2007b)

a. 绝对发育时间 b. 相对发育时间 c. 不同温度下孵化时 $NO_2$ 浓度与 $O_2$ 的消耗量

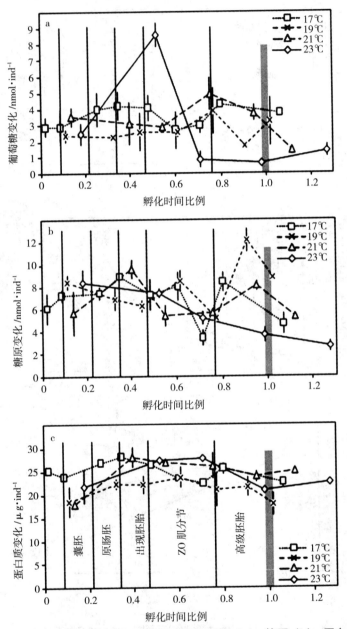

图 3-43　不同温度下黄尾鲕受精卵仔鱼和稚鱼的葡萄糖（a）、糖原（b）、蛋白质（c）变化

（Moran et al，2007b）

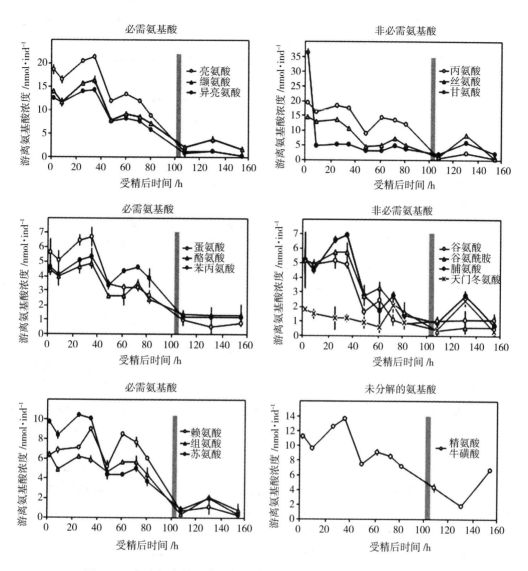

图 3-44　在 17℃ 条件下黄尾鰤受精卵与仔鱼和稚鱼游离氨浓度的变化

(Moran et al，2007b)

# 参 考 文 献

Aritaki M，Seikai T. 2004. Temperature effects on early development and occurrence of metamorphosis-related morphological abnormalities in hatchery-reared brown sole *Pseudopleuronectes herzensteini*. Aquaculture，240：517-530.

Battaglene S C，Cobcroft J M. 2007. Yellowtail kingfish juvenile quality：identify timing and nature of jaw deformities in yellowtail kingfish and scope the likely causes of this condition//Final report of project 2007/718. The Australian Seafood CRC：150.

Blaxter J H S, Hempel G. 1963. The influence of egg size on herring larvae (*Clupea harengus* L.). ICES Journal of Marine Science, 28: 211-240.

Blaxter J H S. 1992. The effect of temperature on larval fishes. Netherlands Journal of Zoology, 42: 336-357.

Bustos C A, Landaeta M F, Bay-Schmith E, et al. 2007. Effects of temperature and lipid droplet adherence on mortality of hatchery-reared southern hake *Merluccius australis* larvae. Aquaculture, 270: 535-540.

Cahu C, Zambonino I J, Takeuchi T. 2003. Nutritional components affecting skeletal development in fish larvae. Aquaculture, 227 (1-4): 245-258.

Chen B N, Qin J G, Kumar M S, et al. 2006. Ontogenetic development of the digestive system in yellowtail kingfish *Seriola lalandi* larvae. Aquaculture, 256 (1-4): 489-501.

Domeneghini C, Radaelli G, Bosi G, et al. 2002. Morphological and histochemical differences in the structure of the alimentary canal in feeding and runt (feed deprived) white sturgeons (*Acipenser transmontanus*). Journal of Applied Ichthyology, 18: 341-346.

Dou S Z, Masuda R, Tanaka M, et al. 2005. Effects of temperature and delayed initial feeding on the survival and growth of Japanese flounder larvae. Journal of Fish Biology, 66: 362-377.

Fielder D S, Bardsley W J, Allan G L, et al. 2005. The effects of salinity and temperature on growth and survival of Australian snapper, *Pagrus auratus* larvae. Aquaculture, 250 (1-2): 201-214.

Fukuhara O. 1990. Effects of temperature on yolk utilization, initial growth, and behavior of unfed marine fish-larvae. Marine Biology, 106: 169-174.

Hamza N, Mhetli M, Kestemont P. 2007. Effects of weaning age and diets on ontogeny of digestive activities and structures of pikeperch (*Sander lucioperca*) larvae. Fish Physiology and Biochemistry, 33: 121-133.

Hough C. 2009. Improving the sustainability of European fish aquaculture by the control of malformations// Finefish final workshop, 5th fish & shellfish larviculture symposium. Belgium: Ghent University.

Hutchison W. 2004. South Australian research and development institute (SARDI) // The second hatchery feeds and technology workshop. Novatel Century Sydney, Australia: 98-104.

Ma Z, Qin J G, Hutchinson W, et al. 2012. Responses of digestive enzymes and body lipids to weaning times in yellowtail kingfish *Seriola lalandi* (Valenciennes, 1833) larvae. Aquaculture Research, doi: 10. 1111/are. 12039.

Ma Z, Qin J G, Hutchinson W, et al. 2013. Optimal live food densities for growth, survival, food selection and consumption of yellowtail kingfish *Seriola lalandi larvae*. Aquaculture Nutrition, 19: 523-534.

Ma Z. 2012. Improvement of yellowtail kingfish *Seriola lalandi* fingerling production efficiency through food and feeding management. Adelaide: School of Biological Science, Faculty of Science & Engineering, Flinders University.

Mangino A, Watanabe W O. 2006. Combined effects of turbulence and salinity on growth, survival, and whole body-osmolality of larval southern flounder. Journal of the World Aquaculture Society, 37: 407-420.

Martínez-Palacios C A, Barriga T E, Taylor J F, et al. 2002. Effect of temperature on growth and survival of *Chirostoma estor estor*, Jordan 1879, monitored using a simple video technique for remote measurement of length and mass of larval and juvenile fishes. Aquaculture，209（1-4）：369-377.

Moran D，Gara B，Wells R M G. 2007b. Energetics and metabolism of yellowtail kingfish（*Seriola lalandi* Valenciennes 1833）during embryogenesis. Aquaculture，265（1-4）：359-369.

Moran D，Smith C K，Gara B，et al. 2007a. Reproductive behavior and early development in yellowtail kingfish（*Seriola lalandi Valenciennes* 1833）. Aquaculture，262（1）：95-104.

Oozeki Y，Ishii T，Hirano R. 1989. Histological study of the effects of starvation on reared and wild-caught larval stone flounder，*Kareius bicoloratus*. Marine biology，100（2）：269-275.

Person-Le R J，Baudin-Laurencin F，Devauchelle N，et al. 1991. Culture of turbot（*Scophthalmus maximus*）// McVey J P. Handbook of mariculture. Boston，Massachusetts，USA：CRC Press.

Woolley L D，Qin J G. 2013. Ontogeny of body density and the swimbladder in yellowtail kingfish *Seriola lalandi* larvae. Journal of Fish Biology，82（2）：658-670.

Woolley L D. 2012. Swimbladder morphology and body buoyancy of cultured fish larvae，in school of biological sciences. ，Adelaide，Australia：Flinders University.

Ye L，Yang S Y，Zhu X M，et al. 2011. Effects of temperature on survival，development，growth and feeding of larvae of yellowtail clownfish *Amphiprion clarkii*（Pisces：Perciformes）. Acta Ecologica Sinica，31：241-245.

# 第四章
# 黄尾鰤幼鱼和成鱼的养殖

随着鰤鱼养殖场数量的增加，疾病爆发变得频繁。离岸网箱养殖或陆基封闭式循环水系统养殖黄尾鰤，能够生产高质量的商品鱼，并能将污染控制在较低水平，但这些模式似乎还不够高效和节能。为进一步提高养殖效率、降低成本，在鰤鱼养殖中应考虑使用自动投饲系统和集成养殖技术，这些技术都具有相当好的应用前景（Nakada，2002）。

目前，黄尾鰤人工苗种生产技术已取得突破性进展，人工培育苗种将在以后完全取代海捕的野生苗种。沿海浅水区域漂浮网箱是鰤鱼养殖的主要模式，但近年来下沉式网箱的开发与利用为黄尾鰤生产提供了更大的选择空间。目前，黄尾鰤养殖业者大多以家庭为生产团队，由于黄尾鰤市场需求比较稳定，基本可以保证养殖从业者获得中等水平的收入。但是，在黄尾鰤养殖业发展的过程中，疾病问题和饲料的短缺，严重制约了黄尾鰤产业的规模化发展。因此，为了保证黄尾鰤养殖业持续快速发展，疾病控制技术和高效、新型饲料短缺的问题迫切需要解决。

## 第一节  营养需求

目前对黄尾鰤（*Seriola lalandi*）营养需求的研究较少，但对同属的鱼种，如五条鰤（*S. quinqueradiata*）、高体鰤（*S. dumerili*）和紫鰤（*S. purpurascens*）的营养需求研究较多。虽然鰤属鱼类的分布海域、最适水温不同，但其早期发育特点和习性以及营养需求基本相似，因此，不同鰤鱼之间的营养需求、养殖技术和病害防治方法等可以相互借鉴。

### 一、仔鱼、稚鱼期的营养需求

仔鱼、稚鱼期是鱼类重要的发育阶段，该时期的发育状况对养殖期的生长速度、抗病性具有重要的影响。因此，必须保证仔鱼、稚鱼摄入充足而均衡的营养物质用于生长发育。目前对黄尾鰤仔鱼、稚鱼营养的研究相对较少，主要集中在其对脂肪酸和蛋白质的需求。

脂类在一系列进程中都发挥着重要的作用，并已被证明是胚胎和幼体发育所需的关键营养物质（Sargent et al，1999）。一部分脂类对早期发育最为重要，如作为能量储备的甘油三酯（triacylglycerol）和蜡酯（wax）等，而其他脂类能够控制膜的流动性，则是细胞膜形成所必不可少的，胆固醇和磷脂在一些物种中也可能作为提供能量的物质（Sargent，1978；Coutteau et al，1997；Parrish，1999）。

新西兰学者 Hilton et al（2008）通过分析从海水中捕捞的野生黄尾鰤亲鱼在繁殖期不同阶段、受精卵、孵化后 0～15d 仔鱼的身体组分，比较了总蛋白质、总脂肪和类脂质的含量在其生活史不同时期的差异。结果表明，黄尾鰤鱼卵的脂类组成为：磷脂（phospholipid）59%、蜡酯和固醇酯（sterol esters）25%、甘油三酯15%，此外，还有少量的固醇和游离脂肪酸。固醇酯和甘油三酯同时为前期仔鱼的发育提供能量。在孵化后5～7d，仔鱼死亡率非常高，与此对应，此时期仔鱼体内中性脂类的水平非常低。虽然许多其他因素也可能会导致仔鱼死亡，但有研究表明，不同脂类的配比是影响开口期仔鱼成活率的重要因素。现阶段，把甘油三酯与游离甾醇的比率作为一个评价仔鱼生理状况的条件指数，已经被广泛用于反映仔鱼的营养状况。黄尾鰤受精卵中所含有的固醇酯被认为是早期仔鱼重要的能量来源。

脂肪酸对黄尾鰤仔鱼的发育影响很大，在神经发育和行为学习发育上具有重要的作用。因此，育苗阶段需要在黄尾鰤仔鱼饲料中额外添加一定种类的脂肪酸，如 n-3 高不饱和脂肪酸（n-3 HUFA），主要包括二十二碳六烯酸（DHA）和二十碳五烯酸（EPA）。试验发现，DHA 对黄尾鰤发育具有明显的促进作用，它不但可以加快中枢神经系统的发育，对行为、体质以及稚鱼期的行为学习发育都起到基础性作用。通过比较野生稚鱼和人工培育稚鱼的脂肪酸组成，发现人工饲育稚鱼的 n-3 不饱和脂肪酸含量低于野生稚鱼，尤其是 DHA，但人工饲育稚鱼的甘油三酯含量高于野生稚鱼。这表明，即便摄食经高不饱和脂肪酸强化过的活体生物饵料，人工培育稚鱼的体质亦然较差（Kolkovski and Sakakura，2004）。

为探究 DHA 在五条鰤中枢神经系统（CNS）发育中的作用，分别在孵化后第 8 天、第 10 天对五条鰤仔鱼投喂 C-14 放射性标记 DHA 的卤虫进行示踪试验。跟踪时采用冰冻切片的放射自显影，同时使用电动成像板和 X 射线感光胶片进行研究，并采用液体闪烁计数器测量对解剖的大脑、眼睛、鳃耙、肝、胆和其他肌肉及骨骼等器官中 C-14 的含量。结果清楚地表明，DHA 被吸收并保留在脑、脊髓、眼睛。该研究的结果表明，饲料中的 DHA 可通过消化吸收整合进入大脑。由此可见，DHA 进入脑部可能是影响个体发育行为的一个关键因素（Masuda et al，1999）。

为研究不同牛磺酸水平对五条鰤幼鱼的影响，Matsunari et al（2005）进行了相关投喂试验，试验饲料中分别添加 0、0.5%、1.0%、1.5% 和 2.0% 的牛磺酸。试验初始时，幼鱼平均体重为 0.5g，投喂试验共持续 6 周。最初的 3 个星期内在饲料中补充牛磺酸显著改善幼鱼的生长率（$P < 0.05$）。在肌肉中的牛磺酸含量随着饲料中牛磺酸增加而增加。没有补充牛磺酸饲料喂养的鱼肌肉中丝氨酸含量较高。在牛磺酸添加组中，随着牛磺酸水平增加，肌肉中的丝氨酸的浓度下降，而各组幼鱼肌肉胱氨酸含量保持不变。这些结果表

明，在饲料中补充牛磺酸不仅提高了生长率，也影响了五条鰤幼鱼体内含硫氨基酸的代谢速率。

目前对黄尾鰤仔鱼、稚鱼蛋白质需求的研究很少，仅有 Kolkovski 和 Sakakura（2004）使用含不同水平的蛋白质（35％～55％）和脂肪（6％～20％）的饲料投喂黄尾鰤稚鱼的报道。研究结果表明，采用含有 50％蛋白质＋15％脂肪＋2.1％的 n-3 高不饱和脂肪酸的饲料投喂获得了最好的效果，试验鱼的生长率和饲料效率最高。相似的结果亦在对高体鰤的研究中发现：投喂蛋白质含量为 50％的饲料的高体鰤生长最快，但脂肪水平对摄食量、饲料转化率和饲料效率等指标的影响不显著（Takeuchi et al，1992）。

有研究者比较了 3 种商业饲料（蛋白质、脂肪所占比例分别为 45％、25％，54％、18％和蛋白质 50％）饲养黄尾鰤稚鱼的效果，在经过 42d（94～136 日龄）的投喂试验后，3 组试验鱼之间未发现显著的生长差异（Kolkovski and Sakakura，2004）。但由于上述研究的试验设计不尽完善，其结果是否准确以及其重复性有待考证。

在饲料适口选择性试验中，Skaramuca et al（2001）采用 3 种不同类型的食物（A 为 100％的冷冻沙丁鱼，B 为 50％的冷冻沙丁鱼和 50％的颗粒，C 为 100％的颗粒）对野生地中海高体鰤进行了相关投喂试验，试验中以增长率和饲料转化率、鱼体蛋白质含量等作为评价指标对不同种类的饲料进行了比较。1994 年 8—9 月在克罗地亚的杜布罗夫尼克附近海域抓获野生地中海高体鰤，初始平均体重为 246g，平均总长度为 26.9cm，并分别放入 3 个水箱（每个水箱 15 条，试验持续 226d）。结果，A 组增重为（313±74）g，特定生长率为 0.32％/d，饲料转化率是 6.7。B 组初始重量为（246±74）g，体长（28.2±2.5）cm，取得了约 98％的增长率，最终体重增加（241±69）g，特定生长率为 0.24％/d，饲料转化率为 9.0，死亡率为 13％。C 组初始重量为（246±74）g，体长（28.2±2.5）cm，1 个月后开始喂颗粒饲料，增长率约为 87％，增重（214±85）g，特定生长率为 0.24％/d，死亡率较高，为 27％，饲料转化率是 10.6。研究结果发现，3 组鱼的生长、摄食和生长率表现出相当大的变化，这可能与随季节变化而变化的养殖所用海水有关。组化分析表明，3 组样品鱼肌肉中的蛋白质水平均超过了 20％（Skaramuca et al，2001）。

# 二、蛋白质需求

由于黄尾鰤与五条鰤在分类地位与生活环境中的相似度，黄尾鰤的蛋白质需求与五条鰤类似。据相关研究报道，五条鰤的养殖周期一般为 1～2 年，目前年产量在 12 万 t 以上。在日本和我国台湾省，膨化配合饲料已经开始大规模使用。而在我国内地主要还是使用冰鲜的玉筋鱼、沙丁鱼、鲐鱼和秋刀鱼作为饲料，存在饲料系数高（8 左右）、环境污染严重、病害孳生等问题（刘兴旺和魏万权，2009），因此，开发五条鰤绿色环保配合饲料非常必要。蛋白质是包括鱼类在内的所有有机体结构和功能必不可少的营养物质。同时，蛋白质也是饲料中最主要和最昂贵的营养成分。因此，国内、外研究者皆将饲料的最适蛋白质水平、蛋白能量比、必需氨基酸需求等蛋白质营养生理相关内容作为首要课题进行研究。刘兴旺和魏万权（2009）对五条鰤蛋白质营养生理相关的内容进行了研究，以期为黄尾鰤蛋白质需求研究或饲料企业配方设计提供一定的借鉴。

**1. 蛋白质及能量需求**

大部分研究者研究鱼类的蛋白质需求是以饲料中粗蛋白质的百分比来表示的。Takeuchi et al（1992）分别进行了五条鰤对饲料中蛋白质和脂肪的适宜需求量的研究，研究结果表明，当饲料中粗蛋白质水平在50%左右，脂肪水平在15%～20%，n-3系列高度不饱和脂肪酸含量在2.1%时，最适宜五条鰤的生长，这与Jover et al（1999）在高体鰤上的研究结果相似。而Watanabe et al（2000b）进行了一系列试验，分别对初始体重8g、63g、160g、237g和280g的五条鰤获得最大生长时的日能量和蛋白质摄入量进行了比较，研究发现，不同规格试验鱼获得最大生长的能量需求分别为0.94MJ/（kg·d）、0.5MJ/（kg·d）、0.52MJ/（kg·d）、0.46MJ/（kg·d）和0.39MJ/（kg·d），获得最大生长的蛋白质需求分别为21.7g/（kg·d）、14.8g/（kg·d）、11.2g/（kg·d）、10.7g/（kg·d）和8.2g/（kg·d）。而用于维持基础代谢的能量需求分别为0.26MJ/（kg·d）、0.06MJ/（kg·d）、0.06MJ/（kg·d）、0.10MJ/（kg·d）和0.05MJ/（kg·d），用于维持基础代谢的蛋白需求分别为5.9g/（kg·d）、1.7g/（kg·d）、1.3g/（kg·d）、2.3g/（kg·d）和1.0g/（kg·d）。对于五条鰤维持正常代谢蛋白质的需求，Masumoto et al（1998）也做了相关研究，研究发现，对初始体重为31.7g的五条鰤来说，当饲料粗蛋白质含量为52%时，摄入的氨基酸用于生长和能量维持的比例分别为32%和57%。

鱼类的蛋白质需求可能因动物品种、饲料蛋白质来源、饲料中的能量水平、鱼的生长发育阶段、试验条件等的不同而不同。早期的研究发现，饲料中适宜的蛋白质和能量比对鰤鱼的生长非常重要，可以通过调节二者比例的方法适当降低五条鰤饲料中的蛋白质水平，Shimeno et al（1980）的研究发现，当五条鰤饲料中的能量和蛋白质比例为0.29MJ/kg（粗蛋白质和粗脂肪含量分别为53%和15%）时，能量对蛋白质的节约效应达到最大值，该结果与Vidal et al（2008）在高体鰤上的研究结果相似。

此外，五条鰤对不同来源饲料的蛋白质消化率受水温的影响（Satoh et al，2004）。在低温时，膨化饲料或湿颗粒饲料的蛋白质消化率要显著低于鲜杂鱼。Kofuji et al（2005）发现五条鰤体内胃蛋白酶、胰蛋白酶、糜蛋白酶活性及蛋白质消化率随着季节呈现周期性的变化，特别是在冬天低水温条件下，试验鱼的胃蛋白酶活性较低，从而影响对饲料的消化率。因此，Watanabe et al（1998；1999；2000a；2000b）研究了在冬季条件下五条鰤适宜的蛋白质和能量需求量。研究结果显示，在冬季水温为12.8～16.5℃的条件下，保证五条鰤最大生长的能量和蛋白质需求量分别为0.18MJ/（kg·d）和3.3MJ/（kg·d），而用于维持的能量和蛋白质需求量分别为0.9MJ/（kg·d）和1.1MJ/（kg·d）。

### 2. 氨基酸需求

蛋白质是氨基酸的聚合物,因此,对于蛋白质的营养需求实际上是氨基酸的营养需求。海水鱼类必需氨基酸主要有赖氨酸、组氨酸、精氨酸、缬氨酸、蛋氨酸、苏氨酸、苯丙氨酸、亮氨酸、异亮氨酸和色氨酸这10种必需氨基酸。目前,关于五条鰤必需氨基酸需求量的研究较少,只在赖氨酸、蛋氨酸和精氨酸上做了相关研究。一般认为,牛磺酸不是鱼类的必需氨基酸,但 Takagi et al(2008)的研究发现,牛磺酸是五条鰤必需的营养物质,当饲料中没有鱼粉作为蛋白质来源时,饲料中不添加牛磺酸会导致五条鰤特定生长率和饲料转化率明显降低,并出现绿肝病,且鱼肌肉中的牛磺酸含量也显著降低,而在饲料中补充牛磺酸则能显著提高五条鰤的生长率和饲料效率。因此,当饲料中植物蛋白质含量较高时,应补充牛磺酸以维持鱼的正常生理功能和生长。

### 3. 鰤鱼配合饲料中的新蛋白质来源

近几年,世界上饲料用蛋白质资源紧缺,已成为发展水产养殖业的重要限制因素。日本利用浓缩大豆蛋白质、脱脂大豆粕等作为替代鱼粉的蛋白质来源,制成配合饲料,饲育鰤、真鲷,取得良好效果。浓缩大豆蛋白质由大豆粕精制而成,粗蛋白质含量高达70%,糖分含量低。当采用该种蛋白质作为替代蛋白质时,应注意调整饲料成分和氨基酸组成,注意原料质量,采用科学的配合比例,可有效地替代鱼粉。

玉米蛋白粉的粗蛋白质含量比脱脂大豆粕高,但氨基酸组成较差;肉粉则含有许多鱼类难以利用的脂肪成分。因此,当玉米蛋白粉、脱脂大豆粕、肉粉混合使用时比单独使用更有效。试验结果证明,以脱脂大豆粕为主,与41%~47%的玉米蛋白粉、肉粉混合,完全可以代替鱼粉。

### 4. 胃蛋白酶,胰蛋白酶和糜蛋白酶

试验结果表明,胃蛋白酶、胰蛋白酶和糜蛋白酶对蛋白质的消化率存在季节性的变化。利用不同蛋白质含量的饲料喂养五条鰤1年,饥饿状态下鱼的消化系统中胰蛋白酶和糜蛋白酶存储水平受季节性水温变化的影响。胰蛋白酶和胰凝乳蛋白酶的实际活性在低水温时较低,但胃部的胃蛋白酶活性没有受到低温的影响。另一方面,肠内胰蛋白酶和胰凝乳蛋白酶含量在低水温期间增加,而在胃部的胃蛋白酶活性在低水温时降低。表观蛋白质消化率(APD)在水温较高月份没有差别,而在低温季节差异明显。表观蛋白质消化率反映了胃蛋白酶活性在所有月份的含量。因此,在寒冷的季节,较低的表观蛋白质消化率主要是由于胃食糜中蛋白酶活性降低,因此,如果能够增强胃蛋白酶的分泌,可能会在冬季提高五条鰤蛋白质的消化率和生长性能(Kofuji et al,2005)。

### 5. 蛋白能量比

在对3组不同体重的地中海高体鰤幼鱼(初始平均湿重为114g、141g和192g)养殖

10 个月的试验中，投喂根据阶乘设计的 4 种饲料，饲料分别含有 2 个蛋白质水平（45％和 50％）和 2 个脂肪水平（14％和 17％）。在试验结束时，平均成活率达到 70％左右，且未受不同处理的影响。饲喂 45/14、45/17、50/14 和 50/17（蛋白质/脂肪）饲料组最终平均体重分别为 1 044g、1 098g、1 336g 和 1 163g。饲料脂肪水平对生长的影响并不显著，但投喂含 50％蛋白质的试验鱼增重明显高于饲喂含 45％蛋白质组。摄食参数，例如采食量、饲料转化率和饲料效率并没有受到饲料中蛋白质和脂肪含量设计的影响。鱼体营养成分含量在不同组间差异不明显。饲喂含 17％脂肪饲料的鱼脏体指数较高，饲喂含 50％蛋白质或 12％脂肪的鱼肝指数较高（Jovera et al，1999）。

在研究不同的蛋白能量比对黄尾鰤影响的试验中，采用 24.6g/MJ、26.9g/MJ、28.9g/MJ、31.8g/MJ 和 35.8g/MJ 的 5 组饲料分别投喂黄尾鰤 152d。试验鱼初始体重为 490g。5 组饲料能量含量相似，蛋白质、脂肪水平分别为 40％、26％，45％、26％，50％、18％，50％、26％和 55％、18％。研究结果表明，在投喂低比例蛋白能量比（24.6g/MJ 和 26.9g/MJ）的试验组中，黄尾鰤最终的体重和特定生长率（SGR）较低，在投喂蛋白能量比为 24.6g/MJ 的饲料组中，黄尾鰤的死亡率最高。事实上，只有 35.8 g/MJ 组试验鱼有正常的血细胞比容和红细胞数。此次研究中发现，摄食量和饲料转化率在不同处理组中无显著差异，且可消化能量摄入各组均相似。不同试验组鱼的肌肉组分相似，但蛋白能量比与肌肉脂肪酸含量、n-3 高不饱和脂肪酸含量有正相关关系，而与单不饱和脂肪酸则呈负相关（Vidal et al，2008）。

尽管近年来对鰤鱼蛋白质营养生理方面的研究取得了一些进展，但仍不够系统和完善。今后的研究重点应集中在以下方面：①不断规范试验方法和评价标准，提高研究结果的可靠性和可比较性；②进一步完善蛋白质、能量等基础营养素的需求数据，并在此基础上开展动、植物蛋白质来源替代鱼粉蛋白质的研究；③通过发酵、酶制剂等现代生物技术，开发新型饲料添加剂或饲料加工工艺，以提高黄尾鰤的蛋白质利用率，降低氨氮排泄；④积极进行饲料产业化的探索和实践，以期高效绿色环保配合饲料的尽早推广和使用。

# 三、脂类的需求

鰤鱼饲料中常用的几种油脂通常有鲮鱼肝、鲱鱼油、鱿鱼肝、沙丁鱼油、红鱼油、狭鳕肝油、乌贼肝油、鲣鱼油等。经试验表明，鱿鱼肝、沙丁鱼油或鲣鱼油富含高不饱和脂肪酸，其对鰤鱼生长的影响优于高不饱和脂肪酸含量较低的青鳕鱼肝或鲱鱼油（王金朝等，2003）。

Oku 和 Ogata（2000）通过投喂 3 个脂肪水平（11％、16％和 20％）的饲料，研究真鲷、五条鰤、牙鲆脂肪沉积的特点。真鲷内脏贡献 40％～50％的全身脂肪量，35％～39％的脂肪摄入量（身体脂肪的增量/脂肪的摄入为脂肪沉积率），而肌肉贡献了 40％，并保留 30％～37％。鰤鱼肌肉的脂肪占 50％，并且沉积 25％的脂肪摄入量，而内脏沉积率小于3％。牙鲆虽然80％的脂肪沉积在肌肉，随摄入脂肪量的增加，肌肉的脂肪沉积率从33％下降到19％，内脏占全部脂肪沉积量的10％左右，占脂肪摄入量的3％。因此，不同幼鱼的脂肪沉积对饲料脂肪水平的变化表现出不同的特征。

Talbot et al（2000）曾对野生捕捞地中海高体鰤分别饲喂的4种等氮（粗蛋白质含量为400g/kg）饲料中的脂肪需求量进行过研究。试验中采用4个脂肪水平（180g/kg、220g/kg、260g/kg和300g/kg）对地中海高体鰤进行投喂试验118d，试验平均水温为18℃。该试验对鰤鱼生长、饲料效率和鱼体成分进行了跟踪测量。试验初始时300条鱼（平均重量为96g）放养到12个1m³的圆柱形养殖缸内。在试验阶段，采用X射线法测定饲料摄取量。试验结果表明，试验鱼增重率（大于1％/d）未受到饲料处理组的影响，饲料效率和采食量与饲料能量水平变化呈相反趋势。研究结果表明，鱼体达500g时，低蛋白质高能量饲料组呈现出高生长率和高饲料转化率，类似结果曾在高密度鲑鱼养殖试验中被报道过（约为17.5g/MJ和24.5MJ/kg）。在此试验中，消化器官相对鱼体大小和鱼体成分未受饲料处理组的影响，但内脏脂肪含量随饲料脂肪水平升高而升高。

现阶段，蛋白质是鱼饲料中最昂贵的营养素，试验中蛋白质的需求量相对较低，表明这些试验可能证明该饲料比传统的高蛋白质的饲料更具成本效益。与此同时，因提高了蛋白质的保留及饲料效率，高能量密度饲料很可能会通过减少营养负荷来降低对环境的污染。基于生长表现，地中海高体鰤将在水产养殖中表现出相当大的潜力，正如其他地区特别是日本的五条鰤（Talbot et al，2000）。

# 四、碳水化合物的需求

为了能够了解黄尾鰤对碳水化合物（CHO）利用率，相关糖耐受试验（GTT）和饲养试验已被开展。糖耐受试验采用D-葡萄糖投喂、预凝的小麦淀粉（PGWS）投喂或静脉给药后进行血糖测量。饲养试验旨在探讨碳水化合物的蛋白质节约效应（Bootha et al，2013）。该试验比较了一系列不同碳水化合物含量的饲料，包含10％～40％的预凝的小麦淀粉，10％～40％的挤压小麦（EW）或10％～40％的硅藻土。通过注射或投喂D-葡萄糖饲料使黄尾鰤处于高血糖状态。试验结果表明，峰值响应，曲线下面积（AUC）和高血糖的持续时间与D-葡萄糖的剂量相关。采用碳水化合物，如预凝的小麦淀粉饲养黄尾鰤不能增加曲线下面积响应，与没有碳水化合物的对照组无显著差异。基于体重增加和蛋白质效率，稚鱼能利用数量有限的挤压小麦或预凝的小麦淀粉支持生长。这种反应是适度的碳水化合物蛋白质节约效应的证据。研究的结果表明，典型的碳水化合物，如小麦和小麦淀粉在饲料中含量高于10％，会对黄尾鰤的生长表现起到负面影响（Bootha et al，2013）。

# 五、饲料中的添加剂

尽管采用各种配合饲料养殖鰤鱼取得了很好的效果，但也存在很多不可忽视的问题。

因此，饲料中常需要添加其他物质。它们对于提高鰤鱼的养殖生产效率起着很大的作用。

## 1. 维生素

鰤鱼饲料中添加维生素后，除可使其生长良好、提高成活率、抗病力增强外，还可以使鱼的肉质有所改善。可能是添加维生素后，鰤鱼的肌肉纤维排列状况发生改变；同时，鱼体的脂肪性质也发生了改变，从而改变了肉的质量（Parrish，1999；Hilton et al，2008）。

将脂肪包覆维生素 $B_1$ 添加到饲料中来饲养鰤鱼幼鱼，不仅可以预防维生素 $B_1$ 缺乏症一类的营养性疾病，还可以提高鰤鱼的摄食率和增重量，降低死亡率（Kolkovski and Sakakura，2004）。相关研究表明，在含有 0.094% 抗坏血酸钙盐的鰤鱼饲料中再添加 2% 的 L（＋）-抗坏血酸，投喂 5d 后接种黄疸病原菌，可减轻鰤鱼细菌性溶血性黄疸病症状（Masuda et al，1999）。此外，在鰤鱼饲料中补充乌贼肝油和用维生素 E 强化饲料营养后，可使每尾雌亲鱼产卵数量和孵化仔鱼数量明显增加，并能提高仔鱼的活力（Matsunari et al，2005）。

## 2. 矿物质

饲料中铁不足会引起鰤鱼的低色素性小球性贫血，在鰤鱼饲料中添加铁剂可改变鰤鱼的血液性状，每 100g 饲料中添加铁蛋白盐的量以 400mg 以上最为适宜（Skaramuca et al，2001；刘兴旺和魏万权，2009）。

示野贞夫在饲料中添加不同量的磷酸钾来饲喂鰤鱼，养殖 40d 后对鱼的生长、饲料效率和鱼体成分等进行分析，结果发现当磷酸钾的添加量在 1.5% 左右时，血液性状和蛋白质沉积率等都有所改善，但随着磷酸钾的添加量增加，这些值又表现为下降的趋势（Jovera et al，1999）。

## 3. 氨基酸

Takagi et al（2008）研究了黄尾鰤对以大豆浓缩蛋白（SPC）为基础的非鱼粉（FM）饲料中的牛磺酸的需求。试验结果表明，在此种配方投喂条件下，牛磺酸是维持黄尾鰤正常的生理状况和生长性能的一种必需的营养素。有研究表明，牛磺酸在五条鰤体内有通过渗透调节和稳定生物膜而起着抑制溶血的作用。建议五条鰤维持正常的生理条件下的营养膳食必须含有牛磺酸（Takagi et al，2006）。相关研究表明，膳食牛磺酸影响鰤五条鰤的繁殖性能，饲料中不同牛磺酸含量会影响卵巢的发育，可提高卵子成熟率，牛磺酸对五条鰤产卵性能的改善具有积极的作用（Matsunari et al，2006）。

脯氨酸则被认为是对鰤鱼摄食刺激最强的物质。摄食刺激的定量方法与以前报道的方法相同，即把 120 尾五条鰤幼鱼（平均体重 9.6g）分为 6 组，每组 20 尾，分养于 6 只水族箱中。在每只水族箱投喂 100 粒含试剂的颗粒饲料（为直径 3mm、长 4mm 的圆柱形糊精颗粒）。试剂有竹笑鱼肌肉提取物、人工提取物、乳酸、人工提取物加乳酸。每种试剂的"原浓度"由相当于 100g 肌肉的浸出成分与 100mL 人工海水配制而成。人工海水也用作对照。摄食刺激力强度的指标由每分钟内鱼吞食饲料颗粒数的多少来测定。试验期间水温为 26.5～28.3℃。含有天然提取物的颗粒被全部吞食。只含乳酸的颗粒被吞食的数量为 12，可见单独添加乳酸无诱食效果。而含人工提取物的颗粒和含人工提取物加乳酸的颗粒却分别有 81 颗和 88 颗被吞食，后者的诱食活性稍高于前者，但差异不明显。所以又用 3 种低浓度的试剂进行了试验以明确差异所在。试剂分别被稀释 1/2、3/10、1/10。虽然诱食能力都有所削弱，但所有试剂稀释之后的诱食强度高低的顺序与原浓度的顺序相同，由高到低依次为天然提取物、人工提取物加乳酸、人工提取物。虽然单独使用乳酸时诱食作用很微弱，但把它加入到人工提取物中后却能提高诱食效力。乳酸的这种效果在用鱿鱼肌肉成分配成的人工提取物对鲜鱼的试验中也被报道过。虽然添加了乳酸的人工提取物诱食效果有所提高，但仍不及天然提取物。因些，在天然提取物中仍含有不明的活性物质。

## 4. 其他

长期研究表明，单纯投喂配合饲料会引起鰤鱼体色变黑，失去野生鰤鱼的蓝绿色光泽，侧线附近特有的黄线消失，以致售价下降；但当配合饲料中添加 2% 的南极磷虾油后，就可以使鱼体颜色的变化得到改善（李烟芬和孙逢贤，1996）。

当各地鰤鱼养殖场大都用抗菌素来治疗因细菌和病毒引起的疾病时，日本太阳化学株式会社对利用天然物质预防因细菌和病毒引起的疾病进行了研究。其结果证实，饲料中添加丝柏树提取物或皂树提取物可有效预防鰤鱼肠球菌症。当饲料中添加 0.4% 的丝柏树提取物时，养殖鰤鱼的死亡率显著降低（Kofuji et al，2005）。

向鰤鱼饲料中添加某些物质可增强其诱食效果。鰤鱼饲料中添加竹笺鱼肌肉提取液，对摄食有明显的刺激效果，有利于鰤鱼的摄食；同样，饲料中添加乙酸也有明显的诱食作用（Vidal et al，2008）。此外，在鰤鱼饲料中添加 3%～5% 的生菌剂，可改善养殖鰤鱼的肉质，使其达野生鰤鱼的良好效果（王金朝等，2003）。

有学者用经二十碳四烯酸强化的卤虫来投喂鰤鱼的稚鱼，以对鰤鱼的成活及生长产生有利的影响，但没有收到预期的效果（Oku and Ogata，2000）。而在挤压饲料中添加 $\alpha$-生育酚后，会抑制体内脂质过氧化成分的发生；当鰤鱼接种黄疸病原菌后，再投喂加有 $\alpha$-生育酚的饲料，会使黄疸病症状更为严重。

石莼能在受河水和雨水影响的地方茂盛生长，具有耐低盐、耐高浓度营养盐等特点。由于石莼对氮和磷的吸收能力强，并可吸收水中大量的有机物，所以对净化水质和恢复环境可起很大作用。正是石莼的这些优点，使它受到众多鰤鱼养殖者的青睐。收获后的石莼经干燥、粉碎，添加到饲料中来饲喂 2 龄的高体鰤，添加量为 5%，饲养 4 个月后，鱼体光滑，鰤鱼肉感良好，并且幼鱼不易患链球菌病，可提高成活率。不育性石莼含有的丰富矿物质、维生素比普通的石莼要高数倍。鰤鱼饲料中添加不育性石莼后，可提高鰤鱼水分、粗蛋白质及钙含量，并可改善体色。向饲料中添加 3% 的不育性石莼，饲养当年鰤鱼

70d 后，可提高饲料效率、蛋白质效率、能量效率、蛋白质蓄积率和能量蓄积率，并能抑制脂肪蓄积；在体色改善方面，活鱼与对照组相似，色差大体上是一定的；但马上宰杀后进行冷藏的鲕鱼，随着在宰杀前摄食添加不育性石莼饲料时间的延长，体色明显呈黄色，色差明显扩大。

小球藻以其存在普遍、生长迅速等优点受到鲕鱼研究者的重视。向新鲜饲料中添加 3％小球藻提取物投喂当年鲕鱼，饲喂 6 个月后，发现小球藻提取物虽对鲕鱼的生长无效，但对鱼体的体形和体色的改善有良好的效果，并使鱼体对外界刺激的反应性增强，对外界压力的抵抗力增强；此外，由于投喂的小球藻提取物对脂质代谢起作用，还可使鲕鱼的血清蛋白质和血糖值增加，而血清脂质与血清蛋白质的比值下降。

# 六、黄尾鲕饲料配方和加工工艺

## 1. 常用的几种配合饲料

目前鲕鱼养殖所用的配合饲料主要有：日本全国渔业协同组合联合会的干颗粒配合饲料（DP）"鱼恋鲕"，日本农产工业株式会社的高级 EPC 膨化颗粒饲料"EP-生长旺盛"，加拿大 TEWOS 的膨化颗粒饲料，日本新开发的新型软干颗粒饲料（SDP）和生物湿合成饲料（SEP）。其中日本新开发的新型软干颗粒饲料，其主要蛋白质来源为沙丁鱼类和鱼粉（68％），实际含水量为 18％～23％，其主要营养成分含粗蛋白质 43％～46％、粗脂肪 18％～23％，可消化能量和可消化蛋白质比（DE/DCP）在 90％～100％。生物湿合成饲料，其主要蛋白质来源为沙丁鱼类、鲐鱼、秋刀鱼、鳀鱼等，含水分 25％、粗蛋白质 29％以上、粗脂肪 20％以上、粗纤维 3％以下、粗灰分 10％以下，含钙 1.2％以上，磷 0.8％以上（王金朝等，2003）。

## 2. 配合饲料的鱼粉配合量

鲕鱼属于肉食性鱼类，对饲料中蛋白质的含量要求较高，一般在 40％～55％。其中鱼苗需求的蛋白质最适含量为 55％，鱼种为 45％～50％，食用鱼为 40％～45％。配合饲料需使用大量的鱼粉，从经济效益角度考虑，降低配合饲料成本的关键问题就是减少鱼粉的使用量。但是在试验中发现，如果饲料中不含有鱼粉，养殖的鲕鱼生理状况恶化，常出现绿肝病。分别以鱼粉、酪蛋白、肉粉、豆蛋白浓缩物、玉米谷粉和全脂豆粉作为单一蛋白质来源制成饲料来投喂鲕鱼，发现平均氨基酸表观利用率和蛋白质表质消化率相似，分别为 89.3％和 88.7％、96.7％和 95.4％、78.4％和 80.3％、87.5％和 87.3％、46.8％和 49.7％、78.1％和 83.2％。实际平均氨基酸利用率和实际蛋白质消化率也相似：分别为 92.7％和 94.2％、100.0％和 99.0％、82.0％和 85.7％、90.8％和 92.9％、50.9％和 55.1％、82.4％和 90.2％。因此，许多学者进行了其他蛋白质来源以部分替代鱼粉的探索。所试验的植物性蛋白质来源主要为大豆粉、蓝豆蛋白、棉籽饼、菜籽饼、玉米麸粉、油菜籽粉、玉米蛋白粉、玉米淀粉、羽毛粉、粉末麦芽蛋白等。动物蛋白质来源主要是肉粉、肉骨粉、磷虾粉、动物内脏废弃物等（王金朝等，2003）。

### 3. 饲料形态

饲料形态对饲料的营养价有一定的影响。以饲料组成相同，但形态不同的鱼料：单一性颗粒饲料、蒸干颗粒饲料、外干颗粒饲料以及外干颗粒饲料粉碎后再造粒的湿颗粒饲料在水池中饲养鰤鱼30d。结果发现，单一性湿颗粒饲料、外干颗粒饲料、湿颗粒饲料投喂区的生长、饲料系数及蓄积率均较优，蒸干颗粒饲料投喂区却明显较差，但是各形态饲料投喂区的血液性状和鱼体成分类似。因此认为，鰤鱼用高鱼粉饲料以蒸干颗粒饲料这种形态不太适合，但是单一性湿颗粒饲料和外干颗粒饲料饲育效果都非常好。在老化的渔场中，饲料是造成水质恶化的一个重要原因，常导致赤潮和鱼病发生。使用干颗粒饲料和湿颗粒饲料投喂鰤鱼稚鱼，结果表明，干饲料区的养殖费用比湿饲料区的小，前者养殖鱼增重高，饲料效率良好，养殖鱼的成活率高。因此，此时采用干颗粒饲料效果好（王金朝等，2003）。

### 4. 配合饲料的功能性作用

（1）改善体色　单纯投喂配合饲料的鰤鱼体色变黑，失去野生鰤鱼的蓝绿色光泽，使体表的黄色区域颜色变浅、消失，以致售价下降。南极磷虾油含有丰富的类胡萝卜素，在配合饲料中添加2%的南极磷虾油可改善鱼体体色。另外，向新鲜饲料中添加3%的小球藻提取物对鰤鱼的体色和体形也有较好的效果。不育性石莼含有丰富的矿物质、维生素。它能吸收水体中大量的有机物，可有效改善养殖鱼体色和促进生长。饲料中添加3%的不育性石莼可使鰤鱼体色明显改善，但是超过3%时会降低饲养效果（王金朝等，2003）。

（2）改善肉质　用生鲜饲料饲养的鰤鱼肉质柔软，且有独特的脂肪腥臭味。人工饲料饲养的鰤鱼味道清淡，脂质欠丰盈。肉质改良剂是用养殖鱼加工鱼片的下脚料（鱼头、鱼体内脏）、天然的裙带菜、栽培的石莼、低级紫菜等海藻及加工豆腐渣等为基础原料，混合后经高速发酵，在75℃下处理5～6h，粉碎研制而成。在养鱼饲料中添加3%～5%的肉质改良剂养成的鰤鱼肉质类似野生鱼。在高体鰤饲料中按1%添加石莼饲养4个月后经品尝，添加石莼的高体鰤鱼肉口感良好，用手触摸鱼体有光滑的感觉。五条鰤饲料中添加石莼效果更好。另外，向冷冻玉筋鱼中添加0.5%复合维生素也可起到改善肉质的作用。可能是由于添加维生素后，可使肌肉纤维排列状况发生改变。同时，鱼体的脂肪性质也发生改变，从而改善了肉质（王金朝等，2003）。

（3）提高抵抗力、免疫力　饲料中添加1%的小球藻提取物，可以增强鰤鱼对外界压力的抵抗力。添加3%的不育性石莼可提高鰤鱼对链球菌的抗病力，但不会增加耐低氧能力。丝柏树木提取物对鱼类的各种病原菌有很好的抗菌作用，皂树提取物能激活鱼类的免疫机能。它们可用来有效地预防鰤鱼肠球菌病。试验表明，饲料中添加4%的丝柏树木提取物可使鰤鱼的死亡率降低到5.8%，而对照组死亡率为18%，明显提高了生产效益。此外，在饲养池中按每千克鰤鱼投喂 5mg 皂树提取物可提高鰤鱼的吞噬作用等激活免疫机能。在肠球菌感染试验中，对照组鰤鱼死亡率为 50％，而投喂皂树提取物组死亡率仅为 20％，对减少死亡有明显的效果（王金朝等，2003）。

**5. 黏合剂**

20 世纪 80 年代，日木化学工业部门生产了一种渔用配合饲料增黏剂。这种水溶性聚合物为高黏度的羧甲基纤维素钠（CMC）。过去养殖鰤鱼大量使用沙丁鱼，但鰤鱼幼鱼有只吃水面附近饲料的特性，所以投喂的沙丁鱼有很多沉到了海底。为了防止饲料沉入海底，经过试验研究，将沙丁鱼、鱼粉和 2％的黏合剂（CMC）混合制成和海水相对密度相同的小颗粒饲料投喂鰤鱼，实践证明，效果很好，并且这种黏合剂的安全性很高。CMC 是以纤维素和一氯代乙酸、氢氧化钠为原料制成的纤维素类半合成糊料，一旦溶于水便成为糨糊状，因此，可以作为增黏剂、黏接剂、乳化分散剂、悬浊剂、胶体保护剂，被广泛地使用在食品、医药、建材等方面（殷禄阁，1986）。

## 七、黄尾鰤的自加工饲料和鲜杂鱼饲料

传统的鰤鱼养殖大多以新鲜或冷冻小杂鱼，如沙丁鱼、秋刀鱼、玉筋鱼等为饲料，但随着沙丁鱼渔获量的减少，养殖鰤鱼的饲料出现不足。另外，投喂生鲜饲料还容易导致发生鱼病和水质恶化等问题，所以配合饲料的研制开发成为人们日益关注的问题。

在澳大利亚和新西兰，黄尾鰤的养殖全部投喂使用人工配合饲料。但在日本，最早以渔获物中的低值杂鱼作为黄尾鰤养殖的饲料，但随着这些低值鱼类的过度捕捞，资源减少，沙丁鱼成为首选饲料，尤其是冰冻存储的沙丁鱼。但以沙丁鱼作为唯一饲料，会因为蛋白质和能量水平的不适宜，导致鰤鱼出现营养紊乱，而且沙丁鱼的脂肪含量随着捕获季节和生活海域的不同发生剧烈改变。如果仅投喂鳀鱼（*Engraulis japonicus*），鰤鱼会由于维生素 $B_1$ 的缺乏，摄食量下降并出现死亡，但可以通过在饲料中添加维生素 $B_1$ 的方式来避免，维生素 C、维生素 E 等也被添加，以避免脂肪的氧化变质（Kolkovski and Sakakura，2004）。

而在我国主要还是使用冰鲜的玉筋鱼、沙丁鱼、鲐鱼和秋刀鱼作为饲料，存在饲料系数高（8 左右）、环境污染严重、病害孳生等问题（刘兴旺和魏万权，2009）。

## 八、黄尾鰤饲料投喂方法

鰤鱼每天投饲 1～2 次，每周可停止投饲 1～2 次，随着鰤鱼的生长，每千克鱼体重需要的饲料量也随之减少，日投饲量与季节、水温有关。一般夏季水温高，饲料量增加，但当水温超过 31℃时，投饲量需减少。冬季水温较低，投饲量也要减少。

# 第二节　野生苗种的捕捞方法与中间培育技术

黄尾鰤苗种人工繁育生产的规模较小，故养殖所需要苗种还不能完全由人工繁育得来，仍然需要捕捞天然海域野生的黄尾鰤稚鱼、幼鱼，经人工驯化和中间培育后，作为苗种用于养殖生产。日本水产从业者自 20 世纪 60 年代最早开展野生黄尾鰤苗种的采捕和养殖，近十几年来，我国、澳大利亚、新西兰、智利、意大利等国家纷纷开展黄尾鰤、高体鰤、五条鰤等鰤鱼的养殖。以日本为例，虽然在鰤鱼的网箱养殖、人工育苗、天然鱼苗的选择培育、初期鱼苗的饲料开发等方面已进行了大量研究，并在相关技术上取得了长足进步，但苗种的人工繁殖技术还不完善，苗种产量远不能满足养殖需求。目前除澳大利亚和新西兰的黄尾鰤苗种主要来源于人工繁育以外，其他国家养殖苗种的来源多为从海水中捕捞的野生苗（Kolkovski and Sakakura，2004）。

近年来，捕捞技术、渔政管理、苗种运输和中间培育技术不断发展，已经基本形成了一套成熟、安全、高效的流程，为鰤鱼养殖打下了良好的基础。

## 一、野生苗种的捕捞方法

日本水产从业者最早开展鰤鱼野生苗种的捕捞，他们在 1960—1990 年的做法是：每年 4—5 月在天然海域捕捞黄尾鰤仔鱼（平均体长小于 15mm，体重 0.1g 左右），经过 5—6 月的中间培育后，稚鱼生长至体长 25～40mm、体重 0.3～0.5g，即可作为苗种用于养殖。也可以在 5—6 月，待鰤鱼的仔鱼、稚鱼随黑潮洄游至日本沿岸海域时捕捞大规格稚鱼（Fujiya，1976；陆中康，1990）。

在天然海域，五条鰤、高体鰤和黄尾鰤等鰤鱼稚鱼，多随着海面的海藻团、垃圾等漂浮物移动。日本水产从业者通常使用环形的拖网收集海域中漂浮的海藻团，借以捕获鰤鱼稚鱼。

在我国辽宁省大连市一带的渔民通过多年的观察、尝试，开发出一种被命名为"阴凉网"的网具，在每年 5—7 月捕捞五条鰤的苗种。由于海面自然形成的漂浮物的表面积常较小，其下方聚集的幼鱼群数量也较少，通常在 300 尾之内。鱼群较稳定，漂浮物的漂移速度较慢，故"阴凉网"不宜设计较大，通常为 30～90m 长，个别可达 150m 长，网高 10～20m，网目一般在 10～15m（姜志强等，2005）。

为了提高捕捞效果，当海中的漂浮物不够时，可制作、设置人工漂移物。试验证明，人工漂移物既要不透光，又要随流飘动，而且移动速度不能太快，尤其以海藻群或生长着大量海藻的浮球对鱼群的聚集效果最佳。人工制作的漂浮物应先在海水中浸泡 10d 左右，使其下部附着尽可能多的海藻絮团。捕捞时，操作船只应与漂浮物保持一段距离，迎着阳光下网（若阴天下雨则不能捕捞）。若操作船靠漂浮物太近，会使鱼群受惊吓四散躲避。

若发生这种情况，则应在 10～20min 后再次下网围捕。根据捕获的五条鰤的数量，分段将围网归拢，将鱼兜放到活鱼舱中，要注意避免用手或渔网捞鱼，防止鱼体出现损伤（姜志强等，2005）。

20 世纪 80 年代开始，为防止过度捕捞导致黄尾鰤野生群体资源量下降，日本渔业管理机构对苗种捕捞实行了许可证制度，这种做法对于野生群体和种质资源的保护十分必要（Kolkovski and Sakakura，2004）。

一些地区进行了标记放流回捕的研究，获得了较好的效果，如澳大利亚进行的黄尾鰤和马鰤试验：2004 年 12 月 1 日至 2006 年 12 月 31 日，在南澳大利亚艾尔半岛西海岸的斯宾塞海湾和近海，使用尼龙头和单刺镖标记了黄尾鰤和马鰤，试验共标记了黄尾鰤 241 尾和马鰤 73 尾。其结果为：回捕 24 尾黄尾鰤，最大捕捉距离 130km，回捕最长间隔时间为 442d；回捕马鰤 2 尾，都在原放流地点回捕，回捕最长间隔时间为 378d。结果表明，大个体黄尾鰤定居或洄游后又返回了斯宾塞海湾北部，此海域可能对大规格的性成熟黄尾鰤有一定的聚集作用。1 尾标记的大规格黄尾鰤在网箱养殖海域被回捕，野生鱼的这一活动过程可能为黄尾鰤的野生鱼和养殖鱼之间交叉传播疾病提供了可能（Hutson et al，2007）。

# 二、苗种的运输

目前国内活鱼运输主要使用的方法有水运法、聚乙烯袋充氧运输法、无水湿法等方法；水运法包括封闭式和开放式 2 种，具有耗水量大、充氧不便的缺点；聚乙烯袋充氧运输法的缺点是只能使用 1～2 次，运输途中鱼排泄物难以清除，只适合运输小批量鱼，且不易操作，成活率不稳定；无水湿法运输仅适用于耐低氧能力强，尤其是在低温条件下生理耗氧率低的鱼种，目前此方法使用的极少。苗种运输环节的安全十分重要，若运输过程操作不当，轻则导致鱼苗出现应激反应、鱼体表受伤，增加疾病感染的可能，重则导致鱼苗窒息死亡，造成不可挽回的经济损失。

人工培育或海水捕捞野生的黄尾鰤幼鱼通常需要运输到养殖场进行中间培育，或直接运输到养殖海域进入成鱼养殖生产阶段。保证黄尾鰤苗种运输成活率，需要注意以下几点：选择健康活泼的苗种、做好苗种运输前的暂养和准备工作、选择适宜的运输水温、确定合理的运输密度（夏连军等，2005）。

在我国，夏连军等在 2002 年 7 月进行了五条鰤苗种的运输试验，将苗种自辽宁省大连市运至浙江省舟山市水产研究所岙山养殖试验基地。运输对象为在黄海北部、辽宁省大连市海洋岛附近海域捕捞的五条鰤野生苗种，平均体长 6.4cm，平均体重 3.4g。选择健壮活泼的个体，先暂养于当地海水网箱中，然后用船运至大连，继续暂养于网箱中，在此期间停止投饲以排空消化道中的内含物。

五条鰤性急躁，受惊吓后会激烈挣扎、跳跃，体力消耗大且容易导致体表受伤。伤病及体弱的鱼难以适应运输途中的水质环境及剧烈颠簸，体质健壮的苗种抗逆性强，其运输成活率也远高于体弱的鱼。暂养期可以初步驯化野生苗种，但过长的暂养期会使鱼苗体质虚弱，严重影响运输成活率，因此，暂养时间不宜超过 5d。

水体中的氧气溶解于水的速率与水温成反比，水温越低，水体中的溶解氧就越高，氧气溶解于水的速率也越快。但鱼苗耗氧率随温度的升高而加快。其结果是粪便、$CO_2$、氨等代谢物相应增加，运输水体质量变差。若水温高，则鱼苗活动力强，运输过程中会出现剧烈跳跃、挣扎和过多游动，不仅消耗体力还容易导致受伤，水温越高越不利于鱼苗的安全运输。但若运输水温过低，鱼体容易冻僵、冻伤甚至死亡。水温的急剧变化、运输打包或到达目的地后入池时的温差过大，都会降低运输的成活率。

运输包装为规格 40cm×50cm×30cm、壁厚 0.15mm 的透明聚乙烯双层袋。运输前先装入 23℃海水（水量约占双层袋体积的 1/4），然后将鱼装入，挤空袋中空气，充入氧气，用橡皮筋束紧袋口。然后将塑料袋装入泡沫箱中，再放入冰块降温，泡沫箱外包纸箱。从大连空运至宁波后，再用汽车运至目的地，之后将塑料袋放在室内水泥池水中浸泡十几分钟，待袋内、外的水温差缩小后，方可将鱼苗倒入培育池中。运输结果：历时 10h 运输后，将五条鲕苗种放入 12m² 的室内水泥培育池内，试验运输五条鲕 1 155 尾，入池后 4h 成活 312 尾，成活率 27.0%。

运输过程中，水体反复剧烈摇晃会影响鱼的身体平衡，侧卧或侧游在水面，降低活动能力。个体大的鱼对机械摇晃的不良反应弱于小个体的鱼，因此，运输时要选择个体大小适中的苗种。做好与各运输环节的联系沟通，保证运输的顺畅。

为确定运输的最佳方案，该试验设置了 5 个温度梯度：7~9℃、12~14℃、15~18℃、20~23℃、26~28℃，运输密度为 50 尾/袋。结果如下：水温 7~9℃组五条鲕苗种运输成活率仅为 1%，水温 12~14℃组成活率为 43%，水温 15~18℃组成活率为 81%，水温 20~23℃组成活率为 32%，26~28℃组成活率仅为 2%。因此，水温 15~18℃是五条鲕苗种运输的最佳温度，运输成活率最高。

运输密度是决定运输成活率的另一关键因素。密度低，运输成活率高，但增加了工作量及运输成本；密度高，运输成活率低甚至会导致运输失败。因此，运输苗种需要综合考虑，确定合理、经济的运输密度。夏连军等试验在水温为 15~18℃条件下，设置 20 尾/袋、30 尾/袋、35 尾/袋、40 尾/袋、45 尾/袋、50 尾/袋、60 尾/袋、70 尾/袋、80 尾/袋9 个密度梯度。其结果如下：20 尾/袋成活率 100%，30 尾/袋成活率 88%；40 尾/袋成活率 88%，50 尾/袋成活率 76%，60 尾/袋成活率 43%，70 尾/袋成活率 23%，80 尾/袋成活率仅 11%。由此可见，在最佳运输水温 15~18℃条件下，平均体长 6.4cm，平均体重3.4g 的五条鲕苗种，合理的运输密度为 40~50 尾/袋。

在日本，鲕鱼的苗种运输多采用大型活鱼船，购运的最佳时间为 4 月中旬至 5 月中旬，体长 7cm 的稚鱼较为合适（庞景贵，1994）。

在新西兰，将黄尾鲕稚鱼从孵化场到养殖场的运输过程中，水体中 $CO_2$ 浓度出现了显著上升的情况。在模拟运输和恢复的周期内，尽管稚鱼暴露在浓度高达 75mg/L 的 $CO_2$中，其死亡率却较低（0.5%），二次应力指数（包括血糖、血乳酸、肌肉 pH 和肌肉中的乳酸）也大致维持不变。在模拟运输过程中，$CO_2$ 浓度在 $8\sim50mg/L$ 水平的水体对血液仍然产生了一定影响：在 $50mg/L$ 的水体中试验鱼的红细胞持续肿胀，在 $8mg/L$ 的水体中试验鱼血液指标恢复到对照组水平。全部处理组都没有导致试验鱼死亡，试验鱼的血液指标在 $31h$ 后恢复到操作前的水平。该研究表明，黄尾鰤稚鱼的生理调节能力很强，能够应对中度的、急性暴露于高水平 $CO_2$ 的环境以及运输导致的生理压力（Moran et al，2008）。

合理使用麻醉剂能够使鱼体安静，降低运输和各种操作引起的应激反应，并降低鱼体的新陈代谢速率，减少运输对鱼体的伤害，从而提高运输成活率。近年来，鱼类麻醉技术在国外的鱼类运输中应用越来越广泛，目前国内、外对麻醉剂的种类、剂量、使用方法及非化学麻醉方法都进行了大量研究，美国、新西兰等国家还制定了鱼类麻醉的标准。目前使用的鱼类麻醉剂有近 30 种，主要包括 MS-222、FQ-570、丁香酚、2-苯氧乙醇、苯唑卡因、碳酸等。

鰤鱼作为世界范围内主要的海水养殖鱼类之一，目前尚无苗种和成鱼的麻醉及复苏技术研究的报道。研究不同麻醉剂对鰤鱼的麻醉效果，建立高效、安全、绿色的黄尾鰤麻醉技术规程，将有助于提高苗种和成鱼运输技术，对鰤鱼养殖产业的健康发展有促进作用。

# 三、中间培育技术

由于鰤鱼苗种的人工繁殖技术尚不完善，产量低，不能满足商业化养殖所需的苗种，因此，在很大程度上还依赖于野生苗种的捕捞。若将捕捞的野生苗种直接用于养殖，一方面，未经驯化的苗种难以适应养殖环境和人工投喂，另一方面，养殖大规格的苗种成活率高，通常体长 $5\sim10cm$，体重 $5\sim10g$ 的苗种较为适宜。这就要求对捕捞的野生苗种和人工繁育苗种进行中间培育，获得大规格优质苗种用于养殖。因此，如何对天然鱼苗进行选择培育，提高养殖成活率，有效地利用天然苗种资源，对我国鰤鱼养殖业的发展十分重要，暂养技术高低直接影响养殖鱼的成活率和生长表现。

日本水产从业者进行五条鰤、高体鰤的中间培育，通常在浮式网箱中进行，主要投喂是剁碎的玉筋鱼、竹筴鱼及小虾。培育至体长 $5\sim10cm$，体重 $5\sim10g$ 后即可转入网箱进行养殖（Fujiya，1976；陆中康，1990）。

在我国，郑乐云等（1995）对天然高体鰤鱼苗的中间培育技术进行了研究，归纳如下。

试验的鰤鱼鱼苗捕捞自海南省的东部海域，体长 $1\sim3cm$，体重 $0.1\sim0.3g$。中间培育使用规格为 $2.5m\times2.5m\times2.0m$ 的海上网箱 50 个和规格为 $3.6m\times3.6m\times1.6m$ 的陆上水泥池 10 个。

①鱼苗筛选：由于从天然海域捕捞的苗种规格大小不一，为防止互残，在鱼苗转入培育系统前，有必要根据幼鱼规格对其进行分选。分选的器具既可以是不同型号的竹制鱼筛，也可以是聚乙烯网片制成的分苗网箱，或进行手工分选。

②体表消毒：经筛选后的鱼苗，在转入网箱或水泥池培育前，首先需要进行体表消毒。过去常使用土霉素或其他水产适用的抗生素进行消毒，使用其 $(50\sim100)\times10^{-6}$ 浓度的淡水溶液短时间药浴。体长小于 4cm 的鲕鱼鱼苗，药浴时间为 $1\sim2$min。为防止鱼苗体表感染寄生虫，培育期间也需要进行药浴，一般每隔 $7\sim10$d 药浴 1 次。药浴还可使用聚维酮碘、高锰酸钾强氧化性药物。

③网箱放养密度：体长小于 3cm 的鱼苗放养密度为 5 000 尾/网箱（400 尾/m³），体长 $3\sim5$cm 的鱼苗放养密度为 4 000 尾/网箱（320 尾/m³），体长 $5\sim8$cm 的鱼苗放养密度为 $2000\sim3000$ 尾/网箱（$160\sim240$ 尾/m³）。

④饲料：蓝圆鲹和鲣鱼的鱼糜配以 1‰～2‰鳗鱼黑仔饲料加工而成，体长小于 3cm 的鱼苗还需要辅助投喂鲕鱼稚鱼配合颗粒饲料（产地为日本）。在加工自制饲料过程中，需要添加维生素 C、维生素 E 及 B 族维生素，每千克鱼体重每天剂量分别为 100mg、50mg 及 5mg。体长小于 3cm 鱼苗每日投饲 5 次，体长小于 3cm 鱼苗增投 $7\sim8$ 次。日投饲量为鱼体重的 20%～80%。

⑤室内水泥池培育：若捕捞稚鱼、幼鱼个体规格小或网箱海区风浪过大，可将稚鱼、幼鱼转入室内水泥池进行培育。入池前先进行鱼苗的体表消毒，培育密度为 $1000\sim2000$ 尾/m³。以经过营养强化的卤虫幼体作为其主要的饲料，也可投喂鲜鱼的鱼糜或人工配合饲料。稚鱼、幼鱼经过 $7\sim10$d 培育，体长生长至 3cm 以上，即可转到海上网箱进行后期的培育。

⑥网箱培育情况：水温 $20\sim27$℃，海水相对密度 $1.020\sim1.024$，适于鲕鱼苗种的生长，其生长速率随水温的升高而加快。在 $20\sim24$℃范围内，体长平均日增长达 0.125mm，在 $24\sim27$℃范围内，平均日增长达 0.145mm。

该试验共收购体长 $1\sim3$cm 的鲕鱼苗 17 万余尾，培育体长 $6\sim8$cm 的鱼苗 7 万余尾。各组试验的成活率分别为 61.4%、29.5%、25.3%和67.2%（表 4-1）。其中第 2 组和第 3 组试验成活率低（<30%），这不仅与所捕获鱼苗规格小、体质弱有关，还与苗种数量大、放养密度高、投饲管理不善以及网箱搬迁运输过程中的损失有关。

⑦室内水泥池中间培育情况：鱼苗的成活率较高，3 组试验的成活率分别为 88%、84%和84%（表 4-2）。但是鱼苗的体质较弱，当体长生长至 3cm 转入网箱培育后，其成活率较低（郑乐云等，1995）。

**表 4-1 在网箱中进行鲕鱼苗种中间培育的情况**

（郑乐云等，1995）

| 试验组 | 水温/℃ | 试验开始时平均体长/cm | 试验结束时平均体长/cm | 培育天数/d | 试验开始时数量/d | 试验结束时数量/d | 成活率/% |
|---|---|---|---|---|---|---|---|
| 1 | 20～23 | 3.0 | 6.0 | 25 | 24 519 | 15 049 | 61.4 |
| 2 | 20～24 | 2.5 | 6.0 | 28 | 45 362 | 13 382 | 29.5 |
| 3 | 22～24 | 2.1 | 6.0 | 30 | 63 403 | 16 041 | 25.3 |
| 4 | 24～27 | 2.8 | 6.0 | 22 | 38 665 | 25 971 | 67.2 |

表 4-2　在室内水泥池中进行鲕鱼苗种中间培育的情况

（郑乐云等，1995）

| 试验组 | 水温/℃ | 试验开始时平均体长/cm | 试验结束时平均体长/cm | 培育天数/d | 试验开始时数量/d | 试验结束时数量/d | 成活率/% | 苗种状况 |
|---|---|---|---|---|---|---|---|---|
| 1 | 20~24 | 2.0 | 3.0 | 7 | 4 146 | 3 658 | 88 | 较好 |
| 2 | 20~24 | 1.9 | 3.1 | 10 | 37 709 | 31 908 | 84 | 差 |
| 3 | 21~24 | 1.9 | 3.0 | 10 | 17 127 | 14 386 | 84 | 体色黑较差 |

# 四、经验总结

## 1. 鱼苗网箱培育的初期管理

从海水中捕捞的野生鲕鱼稚鱼、幼鱼需经 3~5d 的驯化其状态才趋于稳定。在此期间应尽量避免移池，不要将不同批次捕获的鱼苗混养，加强饲料投喂管理。若管理不善，会导致鱼苗体质降低，死亡率上升，严重的死亡率甚至高达 50% 以上。弱苗外观表现为：身体瘦弱、体色暗淡变黑、头呈三角形、活动无力，经常贴靠在网箱的四周，同一网箱中培育的鱼苗个体参差不齐，生长速率相差大。

## 2. 分级培育

同正常苗混在同一网箱培育的弱苗、病苗和小苗，由于抢食能力弱，会出现更强烈的强弱分化，最终死亡或被大规格个体残食。生活于同一网箱内、体长相差 30% 以上的鲕鱼苗，会发生明显的自相残食现象。所以，每隔 5~7d 需按照苗种的体质和个体规格大小，分级培养，并对不同规格的鱼苗采用不同的投饲方式。全长小于 3.5cm 的鱼苗口裂小、摄食主动性差，须用 20~40 目的筛绢网挤滤脱骨鱼糜投喂；全长 3.5~5.0cm 的鱼苗摄食主动性较强，可采用孔径 0.2~0.3cm 的塑料制漏筛挤滤脱骨鱼糜投喂，也可将鱼糜加水拌成稀泥状，直接撒于水面投喂；全长大于 5cm 的鱼苗争食习性很强，直接投喂鱼糜即可。由于鲕鱼鱼苗喜欢在水面摄食，故投饲时应防止投料集于同一区域，以免饲料未能被及时摄食造成浪费，沉入网箱底部的残留饲料还将败坏水质，诱发病害（郑乐云等，1995）。

## 3. 鱼苗营养结构的改善

在鱼苗培育期间，应采用多种饲料配合或轮换使用，避免投喂单一品种的饲料。在投喂冰鲜或冰冻饲料时，需要添加一定量的各种维生素、鱼油等添加剂，且应定期添加一定剂量的抗菌素。另外，在室内水泥池培育小规格鱼苗的过程中，由于条件限制未使用桡足类等浮游动物作为初期饵料，基本依赖卤虫作为主要的饵料。培育 10d 左右，鱼苗开始体色发黑、体质变差、死亡率上升，伴有较强的应激反应，用手抄网捞取时鱼苗受到刺激而跳动或挤压后死亡，且鱼苗转入海上网箱培育后死亡率高。这可能与单一地使用卤虫幼体作为鱼苗的早期饵料有关，卤虫幼体虽经小球藻强化，但营养可能仍不够全面，使用效果不佳（郑乐云等，1995）。

在我国北方，辽宁省大连市的养殖业者也较早开展了五条鰤稚鱼、幼鱼的中间培育，长海县五条鰤暂养成活率可达90%以上，最高达到98%。姜志强等（2005）对该培育方法进行了总结。

为避免鱼体损伤，暂养网箱最好选用乙纶无结网衣作为网。幼鱼进入网箱前先在充气淡水中消毒3～5min，以清除鱼体表的寄生虫，并消除捕捞导致的体表损伤，也可以使用聚维酮碘的海水溶液消毒。因捕捞所得幼鱼个体规格差异较大，混养必然出现互残现象，因此，需要按照规格进行选别。而不同规格的鱼苗其放养密度和网衣的网目也不同（表4-3）。在5m×5m×5m的网箱适宜放养5～8cm的苗种1.0万～1.5万尾。规格小的鱼苗养殖网箱网目为1cm即可（姜志强等，2005）。

**表4-3　五条鰤暂养时不同规格的放养密度**

（姜志强等，2005）

| 规格（体长）/cm | 放养密度/尾·m$^{-3}$ | 规格（体长）/cm | 放养密度/尾·m$^{-3}$ |
|---|---|---|---|
| 5～8 | 80～120 | 15～20 | 55～65 |
| 8～15 | 65～80 | >20 | 25～35 |

在我国南方，任忻生和陈宇（2012）摸索了高体鰤的中间培育方法，尤其是强调了饲料投喂的科学性。高体鰤生性凶猛，主要以鱼类为食，而捕获的饲料鱼一般都有异尖线虫幼虫寄生，高体鰤摄食寄生异尖线虫的饲料鱼后，就极易感染异尖线虫病，因此，严格把关饲料是养殖管理的关键点。

若饲喂鲣鱼鱼糜、鱼块，要选用新鲜的鲣鱼，去头、去皮、去内脏、去骨，特别是内脏一定要去干净。若以沙丁鱼、鳀鱼为主要饲料，要在-10℃以下冷冻处理12h以上。每次饲喂要观察高体鰤进食情况，必须保证投喂的饲料鱼全部吃完，避免网箱外的野生鱼进入网箱，被高体鰤误食。

根据潮汐水流大小确定用单层或双层挡流网，双层网一般下层网目大、上层网目小，挡流网一般呈45°角迎水流，长度一般为5～6m，经挡流后流速在0.2m/s为宜。养殖鱼排四周一般加装拦污网，选择10目网片，深度在1.5m以上。

养殖网箱在高温季节一般10～20d清洗消毒1次，间隔30d用淡水浸浴养殖鱼类驱除体表寄生虫。更换网箱、浸浴驱虫一般选择在水温较低的早上进行。

水温高于30℃或发生小潮水时应减少投喂量，必要时可停食（任忻生和陈宇，2012）。

鰤鱼中间培育过程中难以解决的问题是严重的互残行为，严重时其死亡率高达50%（Fujiya，1976；陆中康，1990）。Sakakura和Tsukamoto（1999）对五条鰤社会性的个体互动行为，尤其是攻击性行为进行了研究，在孵化0～20日龄（全长<10mm）未观察到仔鱼的攻击性行为。在变态期，当鳍条和脊柱钙化完成后，组织甲状腺激素表达上升，仔

鱼就出现了扭动身体（此时仔鱼形态像大写字母 J）的典型行为。攻击行为发生在变态完成后的稚鱼期，而此时期皮质醇水平显著增加。在全长 12mm 时，仔鱼、稚鱼开始行为学习，稍迟于攻击行为的出现。根据对学习期稚鱼个体攻击行为的观察，发现了 3 类社会性等级群体：优势群体（占 10%～20%）、中间群体（占 10%～20%）、弱势群体（占 60%～80%），社会群体等级的高低和皮质醇浓度呈反比关系。将 8 组优势群体试验鱼进行个体标记后放归原群体中，1d 后 6 个出现优势群体，1 周后还剩余 3 个优势群体，表明优势群体的社会地位至少维持 1 周（$P<0.05$）。从个体规格上看，在放归原群体后 1d，优势群体＞弱势群体，饲养 1 周后个体差异变小。使用个体耳石标记法，通过长期观察，发现扭动姿势更频繁的仔鱼更可能成为优势个体，身体扭动姿势和攻击行为呈正相关关系。

# 第三节　网箱养殖技术

网箱养殖是鰤鱼养殖的主要模式，在世界范围内，95% 以上的鰤鱼养殖产量来自海上网箱养殖。在我国，自 1990 年开始对鰤属鱼类中的高体鰤和五条鰤开展网箱养殖，目前，虽然广东省和福建省已开展黄尾鰤网箱养殖，但尚未见到相关研究和新闻报道。鰤鱼网箱养殖主要分为上浮式网箱和下沉式网箱，前者是其主要养殖方式。

在日本，网箱养殖也是主要的养殖模式，在网箱中培育的黄尾鰤生长速度很快：浦神渔场在 8 月将规格为 50～200g 的种苗转入养成阶段，至当年 12 月体重即可增长至 500～1 700g/尾，若需销售大规格商品鱼则须养殖至 5kg 左右。在鹿儿岛渔场，4 月开始养殖体重 5～40g 的稚鱼，8 月底平均体重达 650g，11 月中旬为 1.45kg，翌年 4 月为 1.85kg，翌年 8 月初为 2.75kg，翌年 9 月初达 3.25kg。通常经一年半的养殖期，即可达到商品鱼收获规格（庞景贵，1994）。

在合适的地点进行近海网箱养殖，通常比建立和运营具有同等产能的陆基养殖场便宜，而且其经济收益更具吸引力，但选择进行网箱养殖的合适海域尤为重要。一个完整的养殖周期需要 12～18 个月不等，这取决于所需要上市鱼的规格，也可在 1～2 年间养殖更大规格的鱼。养殖单元的规模控制十分重要，规模过小则单位产量运行成本高，盈利能力差；规模过大则养殖活动超出所在海域环境承受能力，不仅对环境的负面影响过大，而且容易导致病害发生，影响经济效益。有业者提出，在澳大利亚和新西兰具备盈利能力的养殖公司，至少需要拥有大型网箱 12 个，黄尾鰤年产量达 250t 以上（PIRSA，2002）。

## 一、海区选择和环境要求

选址可能是决定水产养殖项目商业上是否可行的最重要的单一因素，规划设计者和经营者应优先保证提供适宜的水质条件，防止养殖生物出现生理压力、降低生长率和易患疾病的情况。如果在养殖物种的原始自然分布海域开展养殖，通常是十分有利的选择。在环境条件好的海域进行网箱养殖,可适度提高养殖密度,获得相对高的生产效率。但高密度养殖需要频繁地清洁网箱底部,还需要适宜的海流流速,这使许多近岸海域无法应用大规格网箱系统进行养殖。如果网箱养殖产生的大量残饵和粪便下沉到网箱下方的海底,将影响水质、环境容纳量,对周围环境形成负面影响。但良好的养殖技术和管理,可以将养殖生产对环境的负面影响降至最低(PIRSA,2002)。

在南澳大利亚州,黄尾鰤的养殖网箱一般是直径 25m、深 4～8m。最初放养体重 5g左右的黄尾鰤幼鱼。养殖密度取决于网箱深度、海域特性和洋流等因素。在南澳大利亚州,黄尾鰤的最大单产为 10kg/m³,即放养稚鱼 100～200 尾/m³。网箱养殖的黄尾鰤生长更为迅速:8～50g 的稚鱼生长至 1.5kg 仅需要 6～8 个月。但是,鱼的生长在冬季的低温期停滞。养殖海域的选择极其重要,浅水区的水深和泥质底的协同作用,将增加吸虫在黄尾鰤皮肤和鳃的传播蔓延,因此,网箱必须在不同时期向不同的位置移动(Kolkovski and Sakakura,2004)。

鰤鱼普通网箱养殖要求海区水深大于 4.0m,若为深水网箱则要求水深为 15～50m。应预先对拟养殖海域进行全面调查,要求交通便利、水质畅通、无工业和农业及生活污水污染,水质清新,透明度高,符合国家《渔业水质标准》,海底地势平坦、倾斜度较小,底质以适于网箱固定的沙底或泥沙底为好。

南澳大利亚州的养殖推广机构提出了黄尾鰤网箱养殖的水质要求,具体为:水温 14～26℃、溶氧量>7mg/L、pH6～9、化合氨<0.01mg/L、总碱度在 100～400mg/L、二氧化碳<10mg/L、氯<0.04mg/L、硫化氢<0.002mg/L、硝酸盐<100mg/L、亚硝酸盐<0.2mg/L、盐度 34～35、毒素未检出(PIRSA,2002)。

在开放海域中进行黄尾鰤网箱养殖,潮汐和洋流必须能够携带走养殖产生的残饵、排泄物和可溶性污染物,保持最低水体溶氧量>4mg/L(PIRSA,2002)。在水温 15℃、盐度下降到 25～26 时,黄尾鰤摄食降低;盐度降到 8 则会引起黄尾鰤死亡。水温 7～8℃时开始死亡,6℃全部死亡,可以认为 8℃是黄尾鰤越冬的最低临界温度,10℃以下基本停止摄食,黄尾鰤的年龄与生长情况见表 4-4(王波等,2005)。

**表 4-4　黄尾鰤年龄与生长情况**

(王波等,2005)

| 年龄/年 | 体长/cm | 体重/g | 年龄/年 | 体长/cm | 全重/g |
|---|---|---|---|---|---|
| 1 | 50.80 | 1 725 | 4 | 78.74 | 5 993 |
| 2 | 63.50 | 3 360 | 5 | 83.82 | 7 219 |
| 3 | 71.12 | 4 495 | 10 | 111.70 | 15 890 |

在日本,黄尾鰤养殖网箱位置的选择,必须考虑以下几个因素:①位置在风浪较小的海湾内,或设置结构简单的抗风浪装置;②潮汐、水流畅通,溶氧量>4mg/L;③水温适宜,鰤鱼适宜水温为 18～29℃,生长最佳温度为 24～29℃,临界死亡温度上限、下限分别为 31℃和 9℃;④海水盐度>16;⑤海域无工业、农业和生活废弃物排入(Fujiya,

1976；陆中康，1990)。

高体鰤生长适宜温度为 20～31℃，最适水温为 26～30℃，致死低温为 9℃，长期处于 12℃以下死亡概率较高，低于 15℃几乎不成长，故网箱养殖海区应选择冬季水温在 13℃以上，同时，养殖海区要求盐度相对稳定，常年变化在 20～33，透明度为 0.6～3.0m，pH 为 7.8～8.2(廖志强，2003)。

高体鰤对盐度及海水透明度要求高，根据经验，雨季海水盐度持续 3d 下降到 14 以下时，高体鰤逐渐浮到水面，不久下沉到网底死亡。若有洪水注入导致养殖海域水质浑浊，高体鰤鳃丝粘满泥浆悬浮颗粒，也会造成部分死亡。高体鰤对水流的适应能力随个体的生长而增强，体长 20cm 以上的高体鰤在水流 0.35m/s 时能正常生活，而小个体不能正常生活。水体溶氧量＞4mg/L，当溶氧量过低时高体鰤出现浮头，持续 3h 以上将陆续沉入箱底死亡。

# 二、网箱的种类和设计要求

在鰤鱼养殖产业发展初期，日本使用比较陈旧的筑堤式养殖。其方法是，在小型海湾的入口处或岛屿与陆地之间筑起堤坝，隔离出养殖水域，并设置水闸以便海水流通交换。此模式只适用水深较浅(3～15m)且宽阔的海域。与网箱养殖相比，筑堤式养殖虽然经得起风浪，却存在水流交换不畅、底质易恶化和成品鱼捕捞不便的缺点。目前此方法基本被淘汰(熊国强和邓思明，1981)。

黄尾鰤网箱基本的设计标准，应考虑到养殖鱼可以无障碍觅食、便于维护、保证整个系统的安全。海水网箱养殖工程的设计和生产系统，应考虑以下 5 个主要因素：网片和笼袋、结构、网衣的固定和支持、网箱的连接和组群、网箱和养殖单元锚泊系统(PIRSA，2002)。就高体鰤而言，因其易受惊吓而跳跃挣扎(体长 4cm 左右的高体鰤能跃出水面 40～60cm，争夺食物时也会跳跃)，因此，网箱四壁的网衣应高出水面 60cm 以上，防止鱼挣扎时跳出网箱(胡石柳和纪荣兴，2003)。

20 世纪 80 年代，日本鰤鱼养殖网箱分为浮式和升降式 2 种。普通浮式网箱即传统网箱，网箱悬挂在浮式框架上，框架通常由毛竹或直径 10～15cm 的雪松，或直径 3～5cm 的钢管制成。由充气塑料圆筒或大泡沫圆筒承担框架浮力，为防止藤壶和其他污损生物附着，使用聚乙烯包被圆筒加以保护。其规格从 4m×4m×4m 到 50m×50m×50m 不等，网箱使用金属或高强度塑料编织物制成。近年来开始使用圆形网箱，其优点是海水交换效果好、维护费用低、易于收获成品鱼(Kolkovski and Sakakura，2004)。相比普通浮式网箱，升降式网箱的优点是抗风浪性强，适用于开阔海区。在无风浪或小风浪时，升降式网箱系泊绳距水面 2～5m，暴风天气时系泊绳下降到距水面 10m 以下(Fujiya，1976；陆中康，1990)。

20 世纪 80 年代之后，大型深水抗风浪网箱工程技术发展迅猛，现代科学技术为大型网箱工程开发提供了新的科学技术手段。这种网箱具有高效率、大容量、环保的优点，已成为海水游泳性鱼类养殖的重要模式之一。

2000 年左右，世界上大型网箱类型有挪威的高密度聚乙烯（HDPE）圆形网箱和 TLC 张力框架网箱、美国的 OST 碟形网箱、瑞典的 FarmOcean 网箱、美国海洋平台式网箱、日本的船形网箱和浮绳式网箱等近 10 种。其中最为典型的网箱养殖载体平台有3种。

挪威高密度聚乙烯圆形网箱：采用高密度聚乙烯管材做网箱框架，并提供浮力支撑，配以高强度尼龙网衣和锚泊系统。该类网箱在 20 世纪 80 年代周长仅 40m，深度为 5m，到 90 年代初周长达 60m，深 10m，90 年代末期周长达 80m，深 15m；近年来，其最大周长已达 120m，深 20m，网箱容积达22 920m³，单个网箱养鱼产量达 230t。HDPE 网箱抗风能力达 12 级，抗浪能力 5m，抗流能力<10m/s，网衣防污期长达 6～10 个月。

美国 OST 网箱（碟形网箱）：该网箱又称为中央圆柱网箱或海洋站半刚性网箱，用直径 1m、长 16m 的钢筒为中轴，周边用 12 根钢管组成周长 80m，直径 25.5m 的 12 边形圆周，再上、下各用 12 根 DSM 绳索与圆柱两端相连，类似撑开的雨伞和自行车轮辐条，下用重锤稳定压载，容量为3 000m³。

柔性软体网箱：网箱整体呈柔体结构，用高强度尼龙或朝鲜麻绳索拉成框架，网箱网衣采用尼龙材料或聚乙烯网线，网箱整体可随波浪上、下起伏。主要应用于日本和我国台湾省（林德芳等，2002）。

2000 年以后，上述 3 类网箱中的高密度聚乙烯圆形网箱系统在我国得到了长足进展，实现了国产化和商品化生产，经验证，在 10 级风浪和 1m/s 流速海流下，可保证网箱系统和养殖鱼类安全。下面分别对高密度聚乙烯浮式网箱和升降式网箱以及网箱养殖配套设施进行介绍（关长涛等，2005）。

## （一）HDPE 圆形浮式网箱系统

### 1. 圆形结构网箱的优点

从受力分析看，圆形网箱与角形网箱相比，其构造均一，外力容易分散，同样材料比角形网箱更能承受水流和风浪等恶性环境。从鱼类行为看，圆形网箱适合大多数鱼类的游动。鱼类的圆周性游动，使网箱内产生逆向涡流，水面中央部分降低，边缘部分升高，形成次生流，有利于网箱内水体的交换。在有效养殖水体和材料相同的情况下，以圆形网箱的材料用量最小，因此，具有单位养殖水体成本和折旧费降低的竞争优势。

### 2. 网箱系统组成

深海网箱按其系统组成可分为框架系统、网衣系统、锚泊系统 3 个系统。其中任何一个系统存在安全隐患，最终都会导致网破鱼逃，造成经济损失。因此，系统各部分的材料选择、结构设计、制作与安装以及海上铺设等，直接关系到网箱系统整体的抗风浪、耐流性能和养殖生产的安全性。该网箱由高密度聚乙烯网箱框架系统、网衣、网筋、网底、网底圈和沉石组成。

### 3. 网箱系统结构的主要技术特点

（1）网箱框架系统　网箱框架系统主要由内圈和外圈主浮管、护栏立柱管、护栏管、护栏管三通、定位块、销钉、热箍套、主浮管三通和网衣挂钩等组成。采取的主要技术措施包括如下几方面。

利用国产高密度聚乙烯原料改性，开发抗风浪网箱专用材料。其拉伸屈服强度最高可达到 26MPa，断裂伸长率为 702%，纵向回缩率为 0.63%，主要性能指标已达到或超过进口网箱框架管材水平。在国内首次进行了网箱框架管材的 1 000h 老化试验和 10 万次弯曲疲劳试验，性能评价证明该管材的户外使用寿命超过 10 年。在管材结构上开发了内壁凸起的专用管材，在达到同样环刚度的情况下，可节约材料，降低成本。

网箱的主框架采用一次性发泡聚苯乙烯填充复合管，不仅提高了管材抗弯折性能，也可在主浮管一旦出现渗水时保证其提供足够的浮力。

主浮管连接三通选用管材用高密度聚乙烯原料＋抗老化剂，并采用中孔结构和一次性注塑成型工艺，不仅提高了连接三通的抗老化性能和户外使用寿命，而且由于设置的中孔，使水流畅通，从而减少了网箱框架的受流阻力，改变了连接三通和框架的受力状态，使网箱框架连接更加可靠。此外，采用中孔结构的三通，还可根据用户需要制作 3 个浮管网箱框架。

主浮管对接处采用无暴露焊缝热箍套的加固技术，提高焊缝强度。

（2）网衣系统　使用高强度六边形尼龙网衣，纵向强力＞3 000N，横向强度＞2 500 N。采用 PA 网片电热烫裁、特殊缘纲、网衣合缝、扎边、纲索扎结等新工艺，解决了传统网箱网衣扎制中存在的编缝强度低、网衣受力不均、网衣在风浪条件下容易变形和破损以及网筋和网衣产生松动等问题，大大提高了网箱网具整体抵御风浪的能力，可有效防止网具破损逃鱼。采用高密度聚乙烯管网底撑网圈、网衣加强网筋和球形沉石等网形固定技术，可减少水流和波浪作用下的网衣变形，保持网衣箱体的有效养殖容积。

（3）锚泊系统　采用缓冲室锚泊装置，利用水下绳索框架、缓冲附体、分力盘和特质锄锚等，分解和缓冲风浪流外力对网箱的直接作用，有效避免走锚和网箱位移。

## （二）高密度聚乙烯圆形升降式网箱

（1）网箱沉降的放浪作用　利用波高随水深的等差增加而呈等比衰减的波浪理论，将网箱沉降到水下一定深度水层，是网箱抗风浪的重要技术措施。波浪的水粒子基本是按圆形轨迹运动，水越深，轨迹半径越小，若将网箱沉降至安全水层就可有效躲避强风大浪对网箱的破坏作用。

（2）网箱升降技术措施　网箱框架主浮管进、排水控制网箱升降是利用潜水艇工作原理，将网箱框架浮管空腔按设计要求分隔为多个水舱。各分隔舱均设有水孔和气孔阀门，其开启与关闭由手动或自动控制系统实现。

平衡升降控制装置控制网箱升降采用空中降落伞工作原理，将升降控制浮筒和沉石设置于网箱正下方,通过浮沉筒的进水、排气和充气、排水控制网箱的下潜与上浮。该升降方式只需要一个压缩气瓶和控制阀门即可实现网箱的平衡升降,且可避免由于分舱钻孔带来的破坏框架管材整体强度、增加焊缝数量和升降不平衡等问题。

### (三) 网箱养殖配套设置

(1) 网衣清洗机　采用汽油机驱动水泵,用高压水作为动力,利用在旋转刷内部的涡旋结构,通过水流的旋转驱动旋转刷清洗网衣。

(2) 鱼类大小分级　根据鱼类生物学特性和渔具选择性原理,结合地拉网和无囊网的设计方法,研制由分级网、分离栅、钢索和属具等组成的柔性分级系统。通过对分级对象鱼类的生物学测定,确定分级网网目尺寸和分离栅间隙。表面光滑的 UPVC 管、特殊绳索连接与固定方式制作的隔离栅,不仅具有可折叠、耐腐蚀和安装、操作方便等特点,而且在分级过程中不损伤鱼体,对鱼群无惊吓。通过更换不同间隙的分离栅还可实现多级分离。

(3) 真空活鱼起捕机　采用静压真空吸捕技术,由真空集鱼罐、水环式真空泵、浮球式水位限位开关、全自动电路控制箱、进气和出气电磁阀及电动球阀、出鱼水密封门、特质耐压吸鱼橡胶管等主要部分组成。该起捕方式可避免鱼体损伤,并实现自动起捕功能,起捕能力依鱼水比例大小不同,可在 $5\sim10t/h$。

(4) 其他配套设施　网箱投饲机、网箱系统水下监控设备、残饲和死鱼收集装置等配套设施 (关长涛等,2005)。

## 三、苗种的放养密度和选别

黄尾鰤的养殖密度取决于养殖区的水深、海域和海流流速。在南澳大利亚州,黄尾鰤养殖许可证允许网箱的最高养殖密度为 $10kg/m^3$。如果适当的投喂条件下未能充分实现生长潜力,可能主要是由于养殖密度已经超过了养殖系统的承载能力。高效生产必须做到最适放养密度和正确的投饲率。如果某一养殖区连续 3 年以上完整记录了生产情况,则通过这些数据基本可以准确估算出该海域不同季节、不同规格鱼的最佳放养密度、最大生长率、饲料效率和摄食率 (PIRSA,2002)。

网箱养殖必须考虑鱼类放养的群体密度。根据养殖鱼的生长情况,及时分苗并调整放养密度,有利于提高养殖成活率。通常,初期放养的黄尾鰤苗种规格为 $5\sim10cm$,标准放养密度为:网箱 $80\sim200$ 尾$/m^3$,网围 $5\sim20$ 尾$/m^3$,筑堤围养 $1\sim2$ 尾$/m^3$。日本上浮式网箱养殖黄尾鰤的放养密度和网箱规格之间的推荐比例见表4-5 (Fujiya,1976;陆中康,1990)。

高体鰤养殖密度和体重的关系见表4-6。随着养殖鰤鱼个体的生长,需要每间隔一段时间按照个体规格选别,选出的不同规格的鰤鱼放养于不同网箱,并按照适宜的密度调整各网箱的养殖量。同时,为了保持网箱水体交换通畅、更好地排出残饲和粪便,需要不断更换网目规格适宜的网衣，培育前期每 15d 更换 1 次，中、后期约 30d 更换 1 次，具体见表 4-7。

**表 4-5　网箱养殖黄尾鰤的推荐放养密度**

| 规格/g | 放养数量 | | 单个网箱放养总数 | | | | |
|---|---|---|---|---|---|---|---|
| | 体重/kg | 尾数/尾 | Ⅰ | Ⅱ | Ⅲ | Ⅳ | Ⅴ |
| 10 | 0.9 | 90 | 2 400 | 8 100 | | | |
| 50 | 3 | 60 | 1 600 | 5 400 | 9 400 | | |
| 100 | 5 | 50 | 1 300 | 4 500 | 7 800 | 10 000 | |
| 200 | 7 | 35 | 900 | 3 100 | 5 500 | 7 500 | 1 300 |
| 400 | 10 | 25 | | 2 200 | 3 900 | 5 400 | 9 300 |
| 500 | 11 | 22 | | 2 000 | 3 400 | 4 700 | 8 200 |
| 700 | 10 | 14 | | 1 200 | 2 200 | 3 000 | 5 000 |
| 900 | 10 | 11 | | 1 000 | 1 700 | 2 300 | 4 100 |
| 1 000 | 10 | 10 | | 900 | 1500 | 2 100 | 3 700 |

注：网箱规格Ⅰ表示 3.0m×3.0m×3.0m，Ⅱ表示 4.5m×4.5m×4.5m，Ⅲ表示 5.4m×5.4m×5.4m，Ⅳ表示 6.0m×6.0m×6.0m，Ⅴ表示 7.2m×4.5m×4.5m。

**表 4-6　浮式网箱养殖高体鰤与体重和放养密度的关系**

（廖志强，2003）

| 体重/g | 密度/尾·m⁻³ | 体重/g | 密度/尾·m⁻³ |
|---|---|---|---|
| 5～10 | 200～340 | 200～400 | 20～25 |
| 10～25 | 115～200 | 400～600 | 13～18 |
| 25～100 | 50～60 | 600～1 000 | 10 |
| 100～200 | 35～50 | 1 000 | 6 |

**表 4-7　高体鰤规格与网衣网目和网衣更换间隔的关系**

（廖志强，2003；胡石柳和纪荣兴，2003）

| 规格（叉长）/mm | 网衣（网目）/mm | 网衣更换间隔/d |
|---|---|---|
| <50 | 5 | 7～10 |
| 50～100 | 10 | 15 |
| 200 | 20 | 15 |
| 300 | 35 | 25～30 |
| 450 | 50 | 25～30 |

# 四、日常操作管理及投饲

网箱养殖模式下,饲料成本占黄尾鰤养殖总成本的40%～70%。过去,日本水产从业者几乎全部使用低值鲜杂鱼作为饲料,并认为鰤鱼的最佳饲料鱼为白肌型鱼类,包括玉筋鱼、竹笋鱼、秋刀鱼和鳀鱼等鱼类。养殖中发现,用鳀鱼连续投喂会引发较高的鰤鱼死亡率,经分析,发现是因为鳀鱼肉所含有的不饱和脂肪酸的氧化作用所导致,产生了对鱼有害的氧化产物或过氧化产物。另外，鳀鱼中的硫胺酶破坏了鰤鱼体内的维生素 $B_1$，也能引发高死亡率，但混合投喂鳀鱼和其他饲料鱼就能避免此问题（PIRSA，2002）。也有养殖业者认为，由于鲜活鱼饲料系数高，若达到相同的生长结果，投喂鲜活饲料的重量是人工配合干饲料重量的 8 倍，使用鲜活鱼饲料成本高于颗粒饲料，且易导致养殖海域发生污染和传播疾病。但如果可以在周边购买到价格低、质量好的低值杂鱼，则可交替投喂鲜杂鱼和膨化颗粒饲料，其养殖效果优于单独投喂鲜杂鱼或单独投喂人工配合饲料（PIRSA，2002）。

目前，澳大利亚业内人士认为，膨化人工颗粒饲料最合适 1 龄海水鱼类摄食，含脂量高于 20% 的饲料转化率最高。1 龄鱼的饲料转化率可能为 50%，但 3 龄以上的养殖鱼更喜欢摄食鲜鱼（PIRSA，2002）。20 世纪 80 年代，日本水产从业者认为，网箱养殖鰤鱼的最佳投饲方式是每天上午和下午各投饲 1 次，具体投饲率见表 4-8（陆中康，1990）。但澳大利亚的黄尾鰤养殖业者的做法是每周投喂 1~4 次（PIRSA，2002）。

表 4-8　黄尾鰤养殖投饲标准

(陆中康，1990)

| 体重/g | 水温/℃ | 日投饲率/% |
|---|---|---|
| 10~50 | 15~22 | 40~60 |
| 50~100 | 18~24 | 30~50 |
| 100~200 | 20~25 | 20~30 |
| 200~400 | 23~26 | 15~20 |
| 400~600 | 25~28 | 11~15 |
| 600~800 | 24~28 | 9~11 |
| 800~1 000 | 18~28 | 8~10 |
| 1 000~1 200 | 13~20 | 6~8 |

注：日投饲率$=F/W\times100$，$F$ 为日饲料量，$W$ 为鱼重量。

在国内，福建、浙江等地较多养殖高体鰤，胡石柳和纪荣兴（2003）总结了福建省高体鰤网箱养殖的饲料和投喂技术：野生高体鰤以捕食小型鱼类为主，转入海水网箱养殖后对鱼糜的接受性强，无论碎块状、块状或条状全部接受，且抢食凶猛，先争食大团鱼糜，后食小团鱼糜，但一般不摄食溃散的鱼糜。高体鰤的摄食量大，其摄食量是同等大小的石斑鱼的 2 倍以上。高体鰤喜欢在光照强度较低的清晨、黄昏摄食，此时光照强度为 100~400lx。高体鰤的耐饥饿能力与水温有关：水温在 6~12℃ 时，连续 144~165h 不投饲，才会到水面争食；水温在 18~28℃ 时，连续 48h 不投饲就会到水面争食，若连续 72h 不投饲则成群至水面，疯狂游动找寻食物。

高体鰤的摄食率随着体重的增加而下降。大致分为摄食鱼糜阶段、摄食碎块状阶段和摄食条块状阶段。体重 1.5~200.0g 的鱼摄食鱼糜，摄食率为 25%~50%；体重 200~300g 的鱼摄食碎块状肉糜，摄食率为 12%~25%；2 000~13 000g 的鱼摄食条块状肉糜，摄食率为 5%~12%，体重 13 000~18 500g 的鱼摄食率为 2.5%~3.0%（胡石柳和纪荣兴，2003）。

高体鰤饲料种类及加工：幼鱼叉长在 40mm 左右时，饲料以牡蛎和蓝圆鲹肉为主，配比为 7：3，加少量幼鳗用粉末饲料作为黏合剂，用孔径为 2mm 或 3mm 的加工机械绞成肉糜状；叉长 50～100mm，投喂牡蛎和蓝圆鲹的比例为 2：3；叉长 110～150mm，饲料以蓝圆鲹、金色小沙丁鱼、狗母鱼类、鲱鲤为主，投少量成品配合饲料，鲜料与配合饲料比为 3：1；叉长 160～200mm，饲料种类和加工方法同上，但加工机械孔径改为 8mm；叉长大于 210mm，饲料配方同上，饲料形状改为块状或条状，随个体规格的生长逐渐调整饲料的大小（胡石柳和纪荣兴，2003）。

高体鰤幼鱼、成鱼采用手工投喂，随着养殖鱼的生长，日投喂次数和日投饲率逐渐降低，其与高体鰤个体规格间的关系见表 4-9（胡石柳和纪荣兴，2003）。

表 4-9　高体鰤日投饲次数、摄食率和鱼规格之间的关系

| 规格（叉长）/mm | 日投饲次数/次·d⁻¹ | 摄食率/% | 规格（叉长）/mm | 日投饲次数/次·d⁻¹ | 摄食率/% |
|---|---|---|---|---|---|
| ≈40 | 8～9 | 50 | 160～200 | 2 | 20～25 |
| 50～100 | 6～7 | 40～45 | 250～400 | 2 | 8～12 |
| 110～150 | 5～6 | 30～35 | >450 | 2 | 5～8 |

廖志强（2003）认为，养殖高体鰤的饲料则应选择高蛋白质、低脂肪的鱼类，主要是冰冻的玉筋鱼、沙丁鱼、蓝圆鲹、鲐鱼等，解冻后加工为鱼糜或切块投喂。体长 5～8cm 的幼鱼每天投喂 3～4 次蓝圆鲹鱼糜，投喂量为鱼体重 20%～25%；体长 10～15cm 幼鱼每天上午、下午各投喂 1 次；体长大于 15cm 时每天投喂 1 次，投喂量为鱼体重 5%～10%。每周在饲料中按鱼体重 0.05% 的比例添加复合维生素。

在安装有自动投饲装置的上浮式网箱中，Kohbara et al（2003）研究了五条鰤的摄食模式，并探究了光周期和水温的季节性变化对五条鰤摄食的影响。使用 2 个网箱（规格 2m×3m×4m）作为试验系统，每个网箱饲育 1 组（50 尾）五条鰤，试验鱼初始平均体重为 50～80g。研究发现，全年使用自动投饲装置养殖五条鰤是可行的。五条鰤日摄食量在很大程度上受季节性水温变化的影响，在水温高于 18℃ 时表现出较高的自主取食行为，但若水温高于 18℃，水温的高低对摄食活动影响不显著；但若水温低于 18℃ 时，温度降低将导致摄食活动下降。为期 1 周年的观察发现，摄食受光节律影响很大，五条鰤每天有黎明和黄昏 2 个摄食高峰，表明光强度的变化可能会刺激五条鰤的食欲，或五条鰤更喜欢在某一水平的光强度条件下摄食。

每天测定海区水温、盐度、pH、透明度等水质指标；定期取样养殖鱼，检查是否患寄生虫病或其他疾病，及时发现及时治疗。国内养殖高体鰤过程中，现已清楚的鱼病有弧菌病、滑走细菌病、类结节病、链球菌病及多种寄生虫类疾病，包括单殖吸虫皮肤寄生虫病和鳃虫病等。采用淡水浴去除鱼体表寄生虫效果较好，可定期进行：水温在 18℃ 以下时每月 1 次，夏季则间隔 15～20d 进行 1 次。必要时也可添加食盐至海水盐度为 60～70，进行高盐海水浴（廖志强，2003）。近年发现血管内吸虫病，患病鱼游动缓慢，鱼体色变

黑，不久死亡。病鱼解剖发现鳃盖呈贫血状，心脏、鳃动脉的毛细血管中均有虫卵。患病期为 7 月上旬的升温期（水温为 18～19℃），发病严重时日死亡率高达 3％～5％，单次发病累计的总死亡率占养殖总量的 50％。目前尚无治病的对策，主要是以防为主。

# 五、网箱养殖案例

由于黄尾鰤是近几年才兴起的养殖鱼种，目前对其网箱养殖的报道较少，几乎没有典型的案例提供给养殖业者参考。但同属鱼类的五条鰤、高体鰤的养殖已经开展了近 40 年，在我国、日本、欧洲都有一定的网箱养殖规模，相应的，其网箱养殖案例报道也较多。由于黄尾鰤与五条鰤、高体鰤的生活习性、营养需求和养殖技术都极为近似，故对黄尾鰤、五条鰤、高体鰤的网箱养殖案例一起进行介绍。

### 1. 南澳大利亚州海水网箱养殖黄尾鰤

在南澳大利亚水域的海水网箱中进行黄尾鰤的养殖，该海域周年温度变化为 10～24℃。海水温度的季节性变化影响黄尾鰤的摄食量，因此，养殖的投喂方法也需要相应调整。黄尾鰤的半成鱼，夏季每天投喂 2 次，而冬季则减少为每 2 天投喂 1 次。冬季水温较低，黄尾鰤消化道的消化能力下降、消化时间延长，这可能会引发一种被称为"冬季综合征"的疾病，导致黄尾鰤肠炎，致使养殖生产力下降。夏季和冬季的温度分别为 $(20.8\pm0.4)$℃和 $(12.6\pm0.1)$℃，试验鱼体重分别为 $(2.12\pm0.03)$ kg 和 $(2.77\pm0.03)$ kg，通过观察解剖鱼和检查标记饲料的移动路径，研究了水温对黄尾鰤肠转运时间、营养物质的消化率、蛋白酶和脂肪酶活性的影响。水温显著影响肠道的消化时间，夏季试验鱼排空食物需要 12～16h，而在冬季需要 36～48h（Miegel et al，2010）。

### 2. 福建省网箱养殖高体鰤人工苗种

胡石柳和纪荣兴（2003）报道了高体鰤人工苗种养殖生物学特性及养殖技术的研究结果。在海区水温为 6.0～30.5℃，海水盐度 14～33，溶氧量 6.5～7.3mg/L，pH 7.5～8.1，水流为 15～35cm/s 的网箱中，高体鰤人工苗叉长 40～50mm，体重 1.5～1.7g，经 208d 养殖，叉长达到 330～388mm，体重达到 950～1 400g，饲料系数为 11，成活率为 71.7％；养殖 720d，体重达 4.5～6.5kg，饲料系数为 8；养殖 1 080d，体重 7.5～11.5kg，饲料系数为 7；养殖 1 440d，体重 13～15.5kg，饲料系数为 6；养殖 1 800d，体重达 15.5～18.5kg，饲料系数为 5。第 4 年性腺发育成熟，4—5 月，海上网箱人工催产，平均每尾雌鱼可产卵 1.8kg 左右。

高体鰤人工苗的成活率略高于海区苗。高体鰤的抗病力与个体的大小有关。明显分为几个阶段：叉长在 30mm 以下，抗病力很弱，在网箱养殖 20d 的成活率为 65％～75％；叉长 40～60mm、70～90mm、200～150mm、大于 150mm，养殖 20d 的成活率分别为 75％～78％、85％～92％、90％～95％、95％～99％。分析死亡情况，叉长小于 100mm

个体死亡主要是由病原微生物引起的，目前还没有有效的防治措施。叉长超过 150mm 的个体死亡主要是由细菌和寄生虫引起的，用口服药饵或肌内注射抗生素药物以及淡水浸洗的方法都能达到预防和治疗的目的。

4 批人工高体鰤苗种网箱养殖结果表明，死亡个体主要是叉长小于 100mm 的，尤其是在 20～50mm 时死亡率较高，当叉长大于 100mm 后其成活率明显提高。如果从叉长大于 100mm 起计算养殖成活率，一般可达到 85%～95%。在此阶段后，鱼体重在 450～750g 时，又出现一次较大的死亡，病原是链球菌。与当年天然苗种养殖的成活率作比较，发现其成活率高于海区天然苗种。分析其原因有二：一是人工苗种体质健壮；二是人工苗种定期口服药饵，对提高抗病能力起到一定的作用。人工苗种与海区天然苗种养殖效果的比较见表 4-10。

**表 4-10　高体鰤人工苗种与天然苗种网箱养殖效果比较**

（胡石柳和纪荣兴，2003）

| 年份 | 苗种来源 | 饲养期/d | 放养数量/尾 | 初始平均叉长/mm | 初始平均体重/g | 出网平均叉长/mm | 出网平均体重/g | 成活率/% |
|---|---|---|---|---|---|---|---|---|
| 1994 | 人工 | 190 | 2 100 | 40～50 | 1.5～1.7 | 385 | 1 175 | 68.0 |
| | 海区 | 190 | 2 100 | 40～70 | 1.5～2.5 | 378 | 1 080 | 65.0 |
| 1995 | 人工 | 208 | 1 250 | 40～52 | 1.5～2.0 | 356 | 1 077 | 52.0 |
| | 海区 | 208 | 1 000 | 20～30 | 0.7～1.2 | 310 | 588 | 33.0 |
| 1997 | 人工 | 193 | 600 | 55 | 2.3 | 405 | 1 255 | 82.0 |
| | 海区 | 193 | 1 000 | 65 | 3.0 | 389 | 1 187 | 70.5 |
| 1998 | 人工 | 188 | 2 530 | 120.3 | 31.8 | 435 | 1 430 | 85.0 |
| | 海区 | 188 | 2 500 | 110 | 29.5 | 404 | 1 248 | 61.0 |

### 3. 意大利地中海网箱养殖五条鰤

1990 年，在西西里岛附近的伊奥利亚群岛，试验使用浮式网箱饲养五条鰤幼鱼。网箱位于离岸 250m、水深 12～31m、避风的海域，网箱结构是 6 个三角形海上平台单元组成的六方晶体群组，总面积为 60m$^2$、总水体为 300m$^3$。这种模块化的网箱，可以根据规格和数量方便地调整养殖鱼，在不同单体网箱内养殖。网箱的漂浮部分由充入 1.52×10$^5$Pa 压缩空气的 4.5m 长的 PVC 管组成，其结构柔软可弯曲，没有僵硬的部分。

1990 年 8 月在伊奥利亚海区的漂浮物下，用小围网捕获了 700 尾湿重 (72.3±23.0) g 的五条鰤稚鱼。稚鱼捕获后先在容积为 1m$^3$ 的充气水槽中暂养，之后转移入三角形漂浮网箱，初始密度为 1.66kg/m$^3$。每月随机采样总数的 10%，记录全长和体重。投喂量从试验初期占鱼体重的 15.0% 逐渐降低到 3.3%，鱼体重在 120d 内达到 (857.7±132.6) g，饲料系数为 4.4。季节性的水温变化 (12.5～25.5℃) 对生长率似乎存在一定影响，在冬季的 90d 内养殖鱼体重增加了 79g。在 15 个月后养殖试验结束时，养殖鱼规格达 (2959±380) g。养殖于网箱系统中、投喂低值鱼的五条鰤，其生长率高于在养殖池中投喂干颗粒饲料的五条鰤 (Porrello et al，1993)。

### 4. 意大利西西里岛网箱养殖地中海五条鰤

1994 年 9—12 月，在西西里岛的 Castellammare 海湾使用升降式网箱养殖地中海五条鰤，测定其生长率、成活率和饲料转化率。在离岸 1000m、水深 10m 的浅海区，使用 2 个容积为 75m³ 的网箱进行养殖。使用在海湾中的漂浮物下捕获的野生五条鰤稚鱼作为苗种［平均全长（141.4±34.2）mm、平均总湿重（48.0±28.1）g］，8 月转入网箱，每个网箱收容 800 尾稚鱼。

其中 A 组投喂低值鲜杂鱼，B 组投喂人工配合颗粒饲料。每月记录试验鱼的全长和和湿重，并与海湾中的野生五条鰤种群进行比较。因捕捞和运输出现的死亡可以忽略不计，饲养期间没有发生疾病。A 组试验鱼最终规格为全长（438.1±25.3）mm、体重（1149±172.2）g，而 B 组则达到了全长（347.0±25.6）mm、体重（576±139）g。同期野生群体生长至全长（404.13±17.00）mm、体重（777.0±89.4）g。A、B 两组的饲料转化率分别为 1.22 和 3.51，低于在地中海进行的其他五条鰤的养殖研究。同人工配合颗粒饲料相比，低值鲜杂鱼可能更适合作为五条鰤的饵料（Mazzola et al，2000）。

### 5. 智利实施的五条鰤的产业化养殖

在智利有一家名为阿基诺·狄卢·诺卢德的公司，2009 年开始在智利北部的沿岸（南纬 25—30°）建立五条鰤的养殖场，该海域水温为 18～19℃，最适合养殖五条鰤。从 2009 年 9 月开始了年产 200 万尾五条鰤苗种的生产。该公司在 2010 年完成陆上的循环式养殖设施，之后完成海上的网箱设施，然后将稚鱼转入网箱中养殖。为开发养殖系统和实现养殖的产业化，该公司在 4 年间里已投资 500 万美元。

从体重 1g 的稚鱼饲养至体重 3.5kg 达到上市规格，陆上的循环式养殖需要 11 个月，而在海上网箱却需要 16～18 个月，这是因为冬季天然海域海水温度下降，导致网箱养殖鱼类生长缓慢。虽然陆基循环水系统和海水网箱养殖的生长速度不同，但两者的生产成本相差不大，所以为了稳定地供应上市，同时进行了这两种养殖模式的试验（缪圣赐，2010）。

### 6. 日本的五条鰤养殖

目前日本五条鰤的养殖产量约占鰤鱼总产量的 50%，主要是采用上浮式网箱进行养殖，鰤鱼的生长率较高。一般每年 5—6 月将体重 7～60g 的苗种放养在网箱中养殖，到 8 月个体达到 200～700g，10 月达到 600～1 600g，12 月底达到 700～2 000g。日本市场一般的销售规格为体长 40～60cm、体重 2.0～3.5kg（陆中康，1990）。

### 7. 我国东海和南海高体鰤的网箱养殖

高体鰤一般养殖周期为 1～2 年，其苗种捕获自海南省周边海域，根据不同季节水温变化情况，在海南、广东汕尾和福建宁德之间交替养殖。鱼苗期前期在海南培育，主要饲喂鲣鱼肉糜；2 月广东汕尾海区水温为 20℃左右，苗种规格一般生长到 12～16cm 时，使用船运到汕尾养殖，主要投喂鲣鱼肉块，一般养到体长 20～25cm、体重 100～150g；5 月当福建宁德、连江海域水温为 20℃左右，再将半成品鱼船运到此海域养殖，这里是主养殖区，此时的饲料为切块的沙丁鱼、鳀鱼等；7 月中、下旬鱼体长 30～35cm、体重 500～600g 可以直接投喂体长 5～6cm 的饲料鱼。当宁德、连江一带水温低于 20℃时，再向南移动至汕尾越冬（廖志强，2003）。

### 8. 升降式深水网箱养殖高体鰤

养殖海区：深圳市龙岗区南澳镇鹅公湾海域，该海域为典型的开敞式海湾，水深 15～30m，底质为泥沙质，潮汐属不正规半日混合潮，平均潮差 1.03m，海水透明度 200cm 以上，水温 14.5～30.8℃，盐度 30～33，pH 7.91～8.31，溶氧量 6.62～7.80mg/L，天然浮游生物丰富。

网箱规格与设置：深水网箱为圆形，网箱直径 13.0m，网深 7m，4 个网箱为 1 组，网箱间距 10m，采用水下网格式锚泊固定在预定海区，预设箱体下沉深度 10m，网箱底部用水泥块作为沉子。该试验养殖水体约为 850m³。

种苗放养：种苗由福建购入后经传统渔排标粗至均重 1 225g，于 2002 年 11 月 8 日浸浴消毒后放入网箱，共投放种苗 6 000 尾，放养密度约为 7 尾/m³。

饲料与投喂：主要采用鲜杂鱼并掺投少量浮性人工配合饲料，养殖前期所有杂鱼加工为适口肉块后投喂，冰冻杂鱼则需放在海水中浸泡解冻后再加工，杂鱼保持新鲜。浮性人工配合饲料蛋白质含量为 35%～40%，投喂前浸泡 0.5～1.0h。

养殖期间正常情况每天 08：00—09：00、17：00—18：00 各投喂 1 次，采取饱食策略，投喂量以鱼停止抢食为准，同时根据水温和风浪情况增减，一般控制在鱼体重的 4%～7%。饲料投喂时先慢投于网箱中间，待大部分鱼上来抢食后向网箱四周扩散快投，保证有足够的摄食面积，减少碰撞机会，同时使体弱的鱼也能吃到饲料，促进鱼群均匀生长。投喂时尽量减少人员走动和外界干扰，以免影响摄食。

日常管理：一是不定期由潜水员潜水进行养殖网箱巡查，检查有无破网和损坏，水色和鱼群是否正常并清理杂物；二是每隔半月由工作人员使用洗网机清洗 1 遍网具，以免网具四周着生的附着物影响水流畅通；三是每天测量水质，建立养殖日志，每天的观测内容包括水温、盐度、透明度、溶解氧、pH 及鱼类活动情况等；四是定期测定养殖鱼体生长情况，绘制生长曲线及绝对生长曲线，记录天气情况并安排饲料供应，保证饲料适时适量供应（图 4-1，图 4-2）。

网箱升降：一般在台风来临前 1～2d 将网箱沉降到水深 10m 处，避免台风破坏网箱，台风过后即将网箱上浮出水面，并恢复正常饲料投喂，潜水逐一检查网箱和水下各构件并做适当维护。

病害防治：以预防为主，措施是药物挂袋和药饵投喂相结合，每月至少进行 2 次药物预防。同时，投喂新鲜饲料，定期清洗网衣，根据环境和天气情况加强饲养管理等措施。每天投喂前观察鱼类活动情况，隔离不健康鱼，分析病因并采取治疗方式。一旦发现病

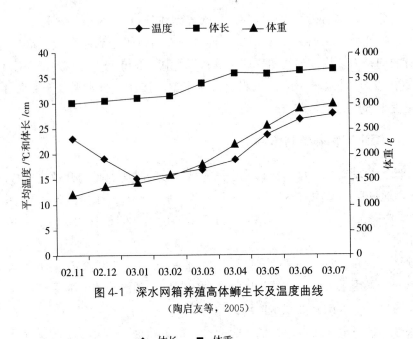

图 4-1　深水网箱养殖高体鲕生长及温度曲线
（陶启友等，2005）

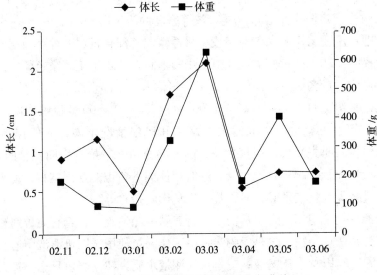

图 4-2　深水网箱高体鲕绝对生长曲线
（陶启友等，2005）

鱼、死鱼应及时隔离治疗，杜绝病害传播蔓延造成更大的危害。

　　至 2003 年 7 月 17 日，经 252d 的深水网箱养殖，高体鲕的平均体重由 1 225g 增至 3 350g，收获数量共 5 521 尾，成活率为 92.02%。整个养殖过程中，饲料主要以新鲜及冰冻小杂鱼为主，少量投喂人工膨化饲料。整个养殖期间共消耗杂鱼 86 500kg（膨化饲料按价格进行折算），饲料系数 7.76。共收获商品鱼 18 495kg，即 19.9kg/m³，总产值约为 59 万元，养殖成本 47 万元（苗种 19 万元，饲料 15 万元，工资及其他 8 万元，折旧 5 万元），利润约为 12 万元。

问题与讨论：①放养品种与规格。依养殖试验情况看，广东近海的水文环境条件适合高体鲕的生长。高体鲕具有生长快、病害少、环境适应能力强等特点，可作为我国南海海区深水网箱养殖的优良品种进行推广生产。②高体鲕一般需 1.5～2.0 年才能长至上市规格，其在 500g 以前增重相对缓慢，由于深水网箱具有养殖容量大，换网及分箱困难等特点，在高体鲕深水网箱养殖过程中，选择体重超过 1 000g 的大规格苗种进行放养，可避免养殖操作的困难，缩短养殖周期，提高养殖效率。

目前，传统网箱养殖高体鲕至 3kg 以上即可上市销售，但其价格低于 5kg 以上规格的高体鲕。深水网箱养殖放养何种规格鱼种、养至何种规格上市养殖效率更好有待进一步试验验证。

冬季 11 月上旬至翌年 1 月中旬水温下降时，高体鲕的体重相对生长率开始随水温的下降而降低；1 月下旬水温开始上升时，生长随水温的上升而逐渐加快，进入快速生长期，3 月中、下旬水温达到 20℃左右时，体重绝对生长进入高峰期，以后随着鱼体的长大和水温的继续增高，至 5 月 20 日水温达 28℃以上时，体重的相对生长率又开始降低。高体鲕生长与水温密切相关，温度过高（>30℃）、过低（<18℃）都不利于其生长，确定适宜的放养时间，选择理想的养殖季节，是获得高体鲕深水网箱养殖高利润的关键之一。

高体鲕适盐性差，由于暴雨的关系，4 月中、下旬至 5 月中旬养殖区盐度骤然下降，由 31.5 降至 28.5，在此期间高体鲕的体重相对生长率也骤降，在海区盐度降至最低时，伴随着相对生长率也降至最低点。5 月中旬后随着盐度升高，相对生长率又开始升高。由此可见，相对稳定的适宜盐度是高体鲕快速生长的必要条件之一，选择养殖地点时应做考虑。

饲料投喂：高体鲕属肉食性鱼类，整个养殖过程中主要以新鲜或冰冻杂鱼投喂，养殖试验发现深水抗风浪网箱水质环境条件好，高体鲕食欲旺盛，排除天气因素，养殖中未发现厌食、食量小的现象。开始投喂时要慢，量要少，促使其抢食，投喂节律为慢—快—慢，如抢食不强烈则停止投喂。投喂量以鱼体重的 4%～7%为宜，具体用量根据摄食情况、天气、水温等因素综合考虑，在天气闷热、海域透明度较低时减少投喂量。

日常管理注意事项：由于网箱设置于外海区，风浪对鱼类的活动影响较大，因此，在台风季节应及时地将网箱沉入水下，以保证鱼类在风浪较强时的摄食和生长。勤观察鱼群的摄食活动情况，依据天气投足饲料。清洗网具时尽量避免惊扰鱼群，影响其正常活动（陶启友等，2005）。

# 第四节　工厂化和循环水养殖技术

目前，世界上黄尾鲕的养殖主要使用的是网箱系统，室内工厂化养殖和循环水系统养殖开展较少。室内工厂化养殖是指在毗邻海边或有地下咸水、淡水资源的陆地建立水、电、暖配套（一般还需配备饲料加工、冷冻、储存等设施），以室内水泥池（或玻璃钢、帆布水槽）作为养殖容器的养鱼车间，进行高密度、集约化、严格技术管理的养殖生产。

该模式在我国自 2000 年前后兴起至今，方兴未艾，我国 2011 年工厂化养殖水体达 12 612 010m³，每年为市场提供水产品167 235t（农业部渔业局，2012）。在我国大规模开展黄尾鰤及其他鰤属鱼类的养殖，除利用网箱以外，还可以充分利用现有的规模巨大的室内工厂化养殖设施。在养殖环节上，工厂化养殖设施不仅可以用于苗种培育，还可进行海陆接力养殖、半成品鱼越冬乃至成品鱼养殖。

循环水系统（recirculating aquaculture system，RAS）是世界上的主要养殖模式之一，其主要特征是水体循环利用，日均水利用率在 95% 以上，如低于此标准则为流水养殖。该模式的核心是水质处理，水质的优劣决定了养殖生产的成败。循环水养殖属于高投入、高产出类型，具有节水、节地、受自然环境影响小、高密度、集约化和排放可控的特点，符合可持续发展的要求，是未来水产养殖方式转变的必然趋势。但一次性投资大、生产费用高、管理严格、技术性强，由于水质净化设备繁多，而每一个环节又与整个系统的净化效果密不可分，因此，养殖管理的核心是保证系统的正常运行，故适合资金雄厚、技术力量强、管理经验丰富的企业。

# 一、室内车间设计和建筑

## 1. 场址的选择

应根据当地水产养殖发展的总体规划要求选址，场地环境符合《农产品安全质量　无公害水产品产地环境要求》（GB/T 18407.4—2001）的要求，水源应符合国家《渔业水质标准》（GB 11607）的要求，养成水质符合《无公害食品　海水养殖用水水质》（NY 5052—2002）的要求。同时还应注意苗种与生物饵料资源较丰富，技术、劳动力、物力充裕，通信、交通方便，电力、淡水供应充足，建场省工、省料。在养殖密度大，已超过海区的负荷能力，使海水富营养化，生态平衡遭到破坏的地区不能继续建场。

选址时要重点考虑取水点海水的理化指标（表 4-11）；应远离污染源，取水海区盐度在 25～32 之间，水温变化速度较慢、幅度较小、溶解氧充足，无赤潮和污染，风浪较小，水深较大等。建场地点应尽量靠近取水点，在养鱼池能顺利排水的前提下，养鱼池与海平面的高度差越小越好，以便最大限度地节省电费，降低生产成本。此外，还应考虑到交通、通信、供电方便，不易受台风危害，安全可靠、便于管理等方面。国内有些养鱼场在建场前没有进行严格的论证，有的场址与取水点间的距离长达几千米，有的水位差高达100 米，使生产成本大大提高，给以后的生产经营造成了无法克服的困难。

表 4-11　黄尾鰤养殖水环境参数

| 序号 | 项　　目 | 标准值 |
|---|---|---|
| 1 | 色、臭、味 | 海水养殖水体不得有异色、异臭、异味 |
| 2 | 大肠菌群/个·L⁻¹ | ≤5 000 |
| 3 | 粪大肠菌群/个·L⁻¹ | ≤2 000 |

（续）

| 序号 | 项　　目 | 标准值 |
|---|---|---|
| 4 | 汞/mg・L$^{-1}$ | ≤0.000 2 |
| 5 | 镉/mg・L$^{-1}$ | ≤0.005 |
| 6 | 铅/mg・L$^{-1}$ | ≤0.05 |
| 7 | 六价铬/mg・L$^{-1}$ | ≤0.01 |
| 8 | 总铬/mg・L$^{-1}$ | ≤0.1 |
| 9 | 砷/mg・L$^{-1}$ | ≤0.03 |
| 10 | 铜/mg・L$^{-1}$ | ≤0.01 |
| 11 | 锌/mg・L$^{-1}$ | ≤0.1 |
| 12 | 硒/mg・L$^{-1}$ | ≤0.02 |
| 13 | 氰化物/mg・L$^{-1}$ | ≤0.005 |
| 14 | 挥发性酚/mg・L$^{-1}$ | ≤0.005 |
| 15 | 石油类/mg・L$^{-1}$ | ≤0.05 |
| 16 | 六六六/mg・L$^{-1}$ | ≤0.001 |
| 17 | DDT/mg・L$^{-1}$ | ≤0.000 05 |
| 18 | 马拉硫磷/mg・L$^{-1}$ | ≤0.000 5 |
| 19 | 甲基对硫磷/mg・L$^{-1}$ | ≤0.000 5 |
| 20 | 乐果/mg・L$^{-1}$ | ≤0.1 |
| 21 | 多氯联苯/mg・L$^{-1}$ | ≤0.000 02 |

## 2. 养鱼车间及鱼池结构

养鱼车间厂房多为双跨、多跨单层，跨距一般为 9～15m，车间墙壁有砖石结构和简易玻璃钢或石棉瓦结构等。房顶有钢框架、木竹框架，屋面遮光保温材料多为玻璃钢瓦、塑料布、无纺布或棉毡等。墙壁和屋顶开窗，室内光照没有严格的规定，一般夏晴天中午时以不超过 1 500lx 为宜。也可用塑料薄膜或 PVC 布覆顶，顶上覆盖草帘，进行人工光照和温度调节。

养殖池为混凝土结构、砖混结构或玻璃钢。养殖池的形状有正（长）方形、圆形、八角形（方形抹角）、长椭圆形等。正（长）方形池具有土地利用率高、结构简单、施工方便等优点；圆形池无死角，鱼体游动转弯方便，鱼和饲料在池内分布均匀，养殖较正（长）方形池好，目前多数采用此种池形，水槽底面积 30～100m$^2$，用于黄尾鰤等游泳性鱼类养殖的鱼池深度一般要求 1.2～2.0m，以加大养殖水体，提高土地利用率。排水口位于养殖池中央，其上安装多孔排水管，池底呈锅底形，由池中央逐渐倾斜，坡度在 7%～12%。池边进水，中央排水，沿池壁向同一方向注水，可使池水循环流动形成涡流，将残饵、粪便等污物旋至池中央排水管排出，各池的废水均流入排水沟内，然后流出养鱼车间（图 4-3）。

图 4-3　养鱼车间示意图

### 3. 供水系统

养殖用水水源有自然海水和地下海水两种。有条件能打出地下海水井的，可以利用优质的地下海水进行养殖，进而节约能源、降低成本。地下海水井的水量必须能够满足车间用水的需求，井水的水温、盐度、氨氮、pH、化学耗氧量、重金属离子、无机氮、无机磷等水质理化指标要符合《无公害食品　海水养殖用水水质》（NY5052—2002）标准的要求。常见含量超标的金属离子有铁离子和钙离子，如果二价铁离子（$Fe^{2+}$）含量较多（加漂白粉后水发红），氧化后变成胶絮状的三价铁离子（$Fe^{3+}$），水质浑浊，鱼鳃容易附着污物，鱼池及用具被染红。如果钙离子（$Ca^{2+}$）含量较多，池中及鱼鳃上有颗粒状附着物，鱼生长受阻，严重时引起死亡。由于地下水严重缺氧，必须设立曝气装置，使溶氧量达到 5mg/L 以上，否则会导致养殖鱼摄食量下降，生长减慢，甚至引发病害。

供水系统包括水泵、水质净化系统、供水和排水管道等，需根据用水量确定水泵等设备的功率、数量及输水管道直径。

工厂化养鱼采用的是高密度、集约化生产方式，用水量大，对水质要求比较严格，要求海水浑浊度（即单位水体中所含泥沙微粒及其他悬浮物的质量）不超过 5mg/L，我国沿海适养海区的海水浑浊度均超过此值，因而均需经过沉淀过滤。以往，养殖业者多使用混凝土或钢制砂滤罐进行海水过滤，这种过滤系统不仅出水量少，而且需要人工检测水处理状况，人工进行清淤、反冲操作复杂，水质没有保证。目前养殖用水的处理方式一般多采用重力式无阀滤池，该法具有滤水量大（通常每单元过滤能力为 200m³/h）、过滤效果好（浑浊度在 5mg 以下）、无阀自动反冲等优点，此方式一般应用于水质清澈的海区，其工作原理简单介绍如下。

重力式无阀滤池的海水由进水管进入进水分配箱，再由 U 形水封管流入过滤池，经过过滤层自上而下地过滤。过滤好的清水经连通管升入冲洗水箱储存。水箱充满后进入出水槽，通过出水管流入养殖池或蓄水池。滤层不断截留悬浮物，造成滤层阻力的逐渐增加，因而促使虹吸上升管内的水位不断升高。当水位达到虹吸辅助管管口位置时，水自该管落入排水井，同时通过抽水管借以吸走虹吸下降管中的空气。当真空度达到一定值时，便发生虹吸作用。这时水箱中的水自上而下地通过滤层，对滤料进行自动反冲。当冲洗水箱水面下降到虹吸破坏斗时，空气经由虹吸破坏管进入虹吸管，破坏虹吸作用，滤池反冲结束，滤池自动进入下一个周期的工作。整个反冲过程大约需要5min。

另外，建厂时还需配备充氧机及饲料加工设备和小型冷库。为防止停电，还应配备小型发电机组，发电能力应能满足同时抽水和增氧的需要。其他配套设施还包括变电设备、检验室、办公室、宿舍以及必要的运输车辆等。若可以利用现有育苗场或热电厂冷却水体改建工厂化养鱼车间，则可大大缩减一次性投资，从而降低养殖成本，提高经济效益。

# 二、日常操作管理

工厂化养殖黄尾鰤的水质要求为：水温14～26℃、溶氧量高于7mg/L、pH 6～9、化合氨低于0.01mg/L、总碱度在100～400mg/L、二氧化碳低于10mg/L、氯低于0.04mg/L、硫化氢低于0.002mg/L、硝酸盐低于100mg/L、亚硝酸盐低于0.2mg/L、盐度34～35g/L、毒素未检出（PIRSA，2002）。工厂化养殖的放养密度与养殖鱼的种类和设施净化能力密切相关。设施完备的封闭式循环流水养鱼系统养殖密度可达40～50kg/m³，而一般的开放式流水养鱼系统养殖密度为10～15kg/m³，应尽量投喂优质干颗粒配合饲料，从而降低系统的工作负荷，保证水质的净化效果。

无论是在野外还是在养殖系统内生活，健康鱼虽然与病原持续接触，却可以不受任何不良影响。疾病的发生可能是鱼的机体被致病微生物感染，也可能是由营养不良、管理措施不到位或水质恶化所引起。需要强调的是，高密度系统养殖的鱼很容易感染疾病，故应保持最佳的环境条件，尽量减少可能导致养殖鱼发生应激的因素。许多水产养殖系统发生疾病的主要原因，通常是原生动物或后生生物寄生、细菌感染或养殖鱼营养缺乏等。

清除死鱼是预防疾病进一步传播的第一步，应及时清除发病养殖池中的病鱼和死鱼。记录发病单元的投饲量，发病鱼摄食量会低于健康鱼，因此，有必要将发病养殖池的投喂量降低至正常养殖池的60%～70%（PIRSA，2002）。

随着养殖鱼的生长需要不断根据规格进行选别，同时调整养殖鱼密度。及时进行规格分选有助于更好地控制各养殖池个体的整齐性和养殖密度，并有利于投喂最适粒径的饲料（PIRSA，2002）。注意观察鱼的活动状态和生长状况，根据养殖池底的污浊程度及时倒池，经常对使用的工具、容器、通道等进行消毒灭菌，防止疾病的发生。

黄尾鰤、五条鰤等鰤属鱼类属于暖温性鱼类，室内养殖需要维持较高的水温。虽然投喂鲜杂鱼饲料成本低，但其残饲及溃散出的油脂，极易在较高温度的水体中腐败而败坏水质，甚至附着于池壁、池底，形成致病微生物的附着基。因此，在黄尾鰤、五条鰤等鰤属鱼类的工厂化养殖中，建议使用人工配合颗粒饲料，也可使用由鲜杂鱼、人工粉末饲料、复合维生素等原料加工的冰冻饲料。

# 三、越冬养殖案例

姜大为等（2001）尝试了在北方海域进行黄条鰤幼鱼的越冬。

（1）试验时间、地点及鱼池条件 1999年11月17日至2000年4月7日，试验在大连市大连湾镇某水产公司的室内水泥养殖池中进行，养殖池实际水体120m³（10.0m×8.0m×1.5m）。使用海水为经无阀自动过滤罐过滤的自然海水，因该海区受附近热电厂冷却水排放的影响，水温略高于周边，冬季水温可保持在8℃以上，故不需进行人工加热。海水昼夜循环，交换量为1 000～1 200m³/d。24h充气，池中溶氧量保持在6mg/L以上。pH为7.0～7.8，盐度31～33。

（2）试验鱼 试验用黄条鰤幼鱼是1999年7月在黄海北部捞捕的野生鱼苗，先在网箱中养殖，挑选其中100尾个体大、身体健壮的幼鱼作为室内越冬养殖试验用鱼，幼鱼平均体长27.6cm，体重383.6g。试验期间定期测量体重、体长。

（3）幼鱼入池 幼鱼入池前，洗刷养殖池并用高锰酸钾消毒。幼鱼运输前1d停食。1999年11月17日海面中浪，水温10～11℃，用水仓容积4m³的渔船运输幼鱼，密度为25尾/m³，途中采取循环水，充气。入池前先将幼鱼放入淡水中浸泡3～5min，以除去鱼体上的寄生虫。

（4）饲养 饲料为冰鲜玉筋鱼加粉末饲料，按质量分数为0.5%～1.0%的比例拌入维生素C和维生素E。1999—2000年幼鱼放养密度为0.83尾/m³，2000—2001年间越冬仍用原养殖池，放幼鱼1 700尾，密度为14.2尾/m³。日投饲2次，日投饲量视水温和鱼类活动情况而定，前5d每100kg饲料加入7g土霉素。试验期间每天测定水温和pH，pH为7.06～7.80，溶氧量为6.68～8.56mg/L。

（5）越冬期间黄条鰤幼鱼的生长与摄食 越冬期间，水温低于10℃约有20d，其中8～9℃为9d，幼鱼此时期虽然游动缓慢，基本停食，但尚能耐受。越冬期间只要水温保持高于10℃黄条鰤可持续摄食，日平均投饲量为鱼体重的3%～4%。水温增高时可加大投饲量，平均水温在17℃左右时摄食量增加，平均投饲量为鱼体重的6%～8%，饲料系数为4.7。水温低于10℃时可暂停投饲。黄条鰤在越冬期间仍能缓慢生长，从1999年11月17日至2000年3月28日，平均体长从27.6cm增长到36.3cm，增长了8.7cm；平均体重从383.6g增长到565.0g，增长了181.4g。体长增长0.06cm/d，体重增长1.28g/d。在越冬试验期间试验鱼死亡13尾，成活率为87%。

（6）黄条鰤可耐受的最低温度试验 黄条鰤是我国北方开展海水养鱼的新鱼种，很多养殖方面的生态学基础都需进一步研究，作者结合越冬试验，对该鱼可耐受的最低温度做了试验。结果表明，在水温7～8℃时，鱼开始死亡，6℃全部死亡。故可认为水温8℃是黄条鰤越冬的最低临界温度。

（7）黄条鰤生长速度观察 该试验表明黄条鰤的生长速度很快。1999年7月31日平均体长 10.5cm，平均体重 42g 的幼鱼，养到 2000 年 11 月 29 日 1.5 龄左右，平均体长为 53.0cm，平均体重为 2 673g。在 15 个月中，黄条鰤的体长平均增长了 42.5cm，体重平均增长了 2 631g。黄条鰤的生长变化见图 4-4。

在这 1 年当中，生长大体可分为 3 个阶段：1999 年 7 月 31 日至 11 月 19 日为越冬前阶段，平均每月体长增长 4.89cm，体重增长 97.7g；1999 年 11 月 19 日至 2000 年 4 月 21 日为越冬阶段，平均每月体长增长

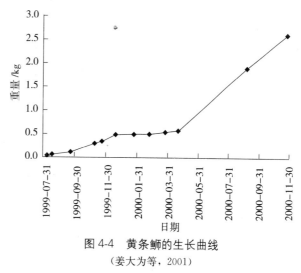

图 4-4 黄条鰤的生长曲线
（姜大为等，2001）

2.48cm，体重增长 45.6g；2000 年 4 月 21 日至 11 月 29 日为越冬后生长阶段，平均每月体长增长 1.86cm，体重增长 294.4g。黄条鰤生长与水温变化关系密切，测得 18～26℃时为其生长的最适水温。

# 四、循环水养殖技术

陆基循环水养殖系统具有提高养殖环境和水质的控制程度、方便操作、便于收获等优点，与网箱相比有着显著的优势。但也有观点认为，从投入产出比考虑，相比网箱养殖，陆基养殖大多被认为是不经济的，原因是资本投入和维护费用过高。

如果能够保持高水体交换率，则循环水养殖池的养鱼密度可以达到一个很高的水平。近年来，荷兰、意大利、美国、智力等国纷纷开始在循环水系统中养殖黄尾鰤和五条鰤，但相关试验的报道较少，陆基循环水养殖系统中黄尾鰤的放养密度仍然未知，但在相同循环水系统中规格为 70～400g 的欧洲鲈和欧洲鲷的养殖密度可达 40kg/m³（PIRSA，2002）。

## （一）循环水养殖系统主要功能单元

### 1. 养殖池

一般为砖混结构，也可使用玻璃钢水槽作为养殖场，其形状可以是圆形、八角形、方形切角、椭圆形或跑道式。除跑道式外，池底一般都为锅形底，池底中央设置排污口。

### 2. 水质净化系统

包括物理过滤设备、生物过滤设备和消毒设备等。

（1）物理过滤设备 包括沉淀池、重力式无阀滤池、砂滤罐、微滤机、蛋白质分离器等。

沉淀池：是利用重力沉降的方法从自然水中分离出密度较大的悬浮颗粒。用水量小的养鱼场，沉淀池一般修建在高位上，利用位差自动供水，其结构多为钢筋混凝土，设有进水管、供水管、排污管和溢流管，容积应为养鱼场最大日用水量的300%～600%。用水量大的养殖场则可利用海水池塘作为一级沉淀池。

重力式无阀滤池：由钢筋混凝土构建，内有沙层。它具有滤水量大（一般每单元过滤能力为200m³/h）、无阀自动反冲等优点。

砂滤罐：由玻璃钢制成外体，内装砂层，具有滤水速度快、成本低等优点。

微滤机：以孔眼细小的不锈钢丝做过滤介质，通过筛网滤除水中细小的悬浮物。

蛋白质分离器：通过循环水泵与射流器的作用产生大量微气泡，在表面张力的作用下将水中的悬浮颗粒和胶质，带到顶部的收集杯中排出。

（2）生物过滤设备　在封闭循环水养殖中主要利用生物过滤器中的细菌除去溶解于水中的有毒物质，如氨等。分为生物滤池和净化机两类，其配套设施为曝气沉淀池。

曝气沉淀池：养鱼池排出的污水在未进入生物过滤器前，要先通过曝气进行气体交换。其目的是除去水体中气态的氨，并使水体的溶解氧达到饱和，以加快生物过滤器中细菌的氧化。另外，曝气还可去除一部分有机酸，有助于提高养鱼系统的pH，增强除氨效果。

生物滤池：是应用最普遍的生物过滤器，它由池体和滤料组成，即在池中放置碎石、细砂或塑料粒等构成滤料层，经过水运转后在滤料表面形成一层由各种好水性水生细菌（主要是分解菌和硝化菌）、真菌和藻类等生物组成的生物膜，当池水从滤料间隙流过时，生物膜将水中有机物分解成无机物，并将氨转化成对鱼无害的硝酸盐。常用的生物滤池为浸没式滤池，其特点是滤料全部浸没在水中，生物膜所需的氧气由水流带入。

净化机：工作原理与生物滤池相同，采用机械转动方式增加过滤面积和时间。净化机分为转盘式和转桶式2种，通常多个串联使用，采用多级过滤的方式提高净化效率。

（3）消毒设备　养殖系统中经过过滤的水体仍含有细菌、病毒等致病微生物，因此，有必要进行消毒处理。目前常用的消毒装置为紫外线消毒器和臭氧发生器。紫外线消毒器是将紫外线灯以悬挂和浸入的方式对水体消毒，具有灭菌效果好、水中无毒性物质残留、设备简单、安装操作方便等优点，目前已得到广泛应用。臭氧发生器由空气中连续制取纯氧并产生臭氧对水体消毒。臭氧消毒具有化学反应快、投量小、水中无持久性残余、不造成二次污染等优点，也是目前常用的消毒方法。

**3. 增氧设备**

增氧机具有风量大、风压稳定、气体不含油污等优点，但其气源来自于未经过滤的空气，含氧量低，养殖密度低。制氧机可由空气中制备富氧（含氧率高于90%）或纯氧，并直接通入养殖水体中达到增氧的目的，养殖密度高。

## (二) 温度和 pH 对黄尾鲕稚鱼的生长和生理反应的影响

在荷兰进行的循环水养殖试验表明，黄尾鲕适宜在循环水系统中进行养殖。为了确定在循环水养殖系统中黄尾鰤最适宜的水质条件，分别在 2 个独立的试验中测试了水温（21.0℃、23.5℃、25.0℃、26.5℃和 29.0℃）和 pH（6.58、7.16 和 7.85）对其生长的影响。在中等规模的循环水系统中养殖黄尾鰤稚鱼，对其生长性能、饲料转化率、应激生理参数和新陈代谢参数等进行了估算。水温在 26.5℃时黄尾鰤稚鱼摄食量最大，饲料转化率最高，其生长速率也最佳。在温度从 21.0℃上升到 26.5℃的 30d 时间内，黄尾鰤稚鱼增重 54%。由于黄尾鰤稚鱼无法适应 pH 为 6.58 的海水，出现生理崩溃导致死亡，而其生长和饲料转化率表现也极差（Abbink et al，2011）。

### （三）水温和溶解氧交互作用对黄尾鰤幼鱼的增长率、摄食量和酶活性的影响

Bowyer et al（2013）进行了水温（21℃、24℃和 27℃）和溶解氧（常规溶解氧水平和低溶解氧水平）双因子试验，考察二者交互作用对黄尾鰤幼鱼的生长率、摄食量和酶活性的影响，试验为期 5 周。若不考虑溶解氧水平，24℃时试验鱼特定生长率最高。试验鱼在 21℃、24℃和 27℃水温中的特定生长率，在缺氧环境下比在常氧条件下分别低 13%、20%和 17%。消化酶活性（胰蛋白酶、脂肪酶和 α-淀粉酶）受温度影响，但不受溶解氧浓度的影响。

### （四）水流速度对新西兰黄尾鰤生长的促进作用

大量证据表明，连续的中等水平运动能够提高许多鱼类的生长率和饲料转化率。在高密度养殖系统中，适量的游动可以提高一些鱼的养殖生产效率。Brown et al（2011）进行了水温（14.9℃和 21.1℃）与不同水流速度对新西兰黄尾鰤生长的促进作用的试验。结果表明，长期的游动使产量增长了 10%，但此情况只出现在适宜的水温（21.1℃）和低流速（0.75 倍体长/秒）环境，只有超低流速＋较高水温才能促进新西兰黄尾鰤的生长。

### （五）使用澳洲龙虾的循环水系统养殖黄尾鰤

有学者在禁渔期，尝试使用澳洲龙虾的循环水系统养殖黄尾鰤，以考察其商业化的可行性。将 130 日龄、规格为 250g 左右的黄尾鰤幼鱼，分别养殖于龙虾和鲍的跑道式养殖池中，水温为 17~21℃，略低于黄尾鰤的最适生长温度。在为期 100d 的养殖后，试验黄尾鰤体重增长了 100%以上，其总生物量从初期的 14~28kg/m³ 上升至结束试验时的 60~80kg/m³（Kolkovski and Sakakura，2004）。

# 第五节　黄尾鰤的加工与上市

日本网箱养殖的黄尾鰤，一般自 6 月养殖至当年 12 月即可上市销售，此时生长至 1.0~1.5kg，体长 30~50cm，也可以在越冬后继续养殖到体重 2~3kg，体长 40~60cm

再上市销售（Fujiya，1976；陆中康，1990）。

国内网箱养殖的五条鰤一般生长至 0.8～1.2kg 即可收获上市。国内网箱养殖的鰤鱼一般在秋季上市，此时上市量大、时间集中，因此价格较低。若延迟收获时间至第二年的上半年，不仅养殖鱼规格较大，而且产品售价高，养殖业者可以获得更高的收益。收获时，先将操作船停靠在网箱边，逐一解开网箱的网衣，并逐渐向船边拉网衣，最后使养殖鱼集中于网箱的一角，再用手抄网将鱼捞入船舱中。个体规格未达到上市标准的，则可以转入其他网箱继续养殖（姜志强等，2005）。

欧美国家收获、加工黄尾鰤的方法：如果不是销售活鱼，则需要先将鱼杀死、放血，然后立刻存放入铺有碎冰的保温容器中上市销售，也可以再运到加工厂或包装厂进行深加工。在起捕和加工过程中，应尽量降低应激压力，防止鱼剧烈、过度游动，因为高强度的运动将消耗血清中的糖原，致使鱼肉的 pH 升高、鱼肉松散，而低 pH 的鱼肉质地偏硬、口感好，因此，在起捕过程中应极力避免鱼肉的 pH 升高。此外，起捕操作时养殖鱼的剧烈挣扎还可能导致鱼体损伤，影响商品外观和制作生鱼片的价值。

黄尾鰤处理、保存完好的指标是：体表透明光泽、眼睛清澈、角膜弯曲和湿润，鳃丝明亮发红（PIRSA，2002）。

Franco 提出，黄尾鰤 40%～50%的部分在加工后成为下脚废料，包括头、皮肤、骨骼、腹部体壁和内脏等，但可惜的是它们通常都被丢弃。这些下脚料中不仅含有丰富的蛋白质和脂肪（20%～30%），还含有大量的必需氨基酸（占氨基酸总量的 20%～30%）、占总脂肪酸约 20%的 n-3 脂肪酸以及各种微量元素（He et al，2011）。今后应充分利用资源，探索黄尾鰤加工下脚料的开发利用，如作为虾蟹饲料的蛋白质来源，制作鱼粉、动物食品、深加工鱼丸等。

Thakur et al（2009）认为，比较养殖的黄尾鰤和五条鰤，后者的肉质更硬，而且有轻微的季节性变化。研究期内，这两种鱼肌肉中的脂类和胶原蛋白的含量也各不相同。肉类的断裂强度与任何肌肉成分都不相关，表明养殖五条鰤的肉质变化并不是直接受肌肉生化成分变化的影响（Thakur et al，2009）。

Haouas et al（2010）通过比较发现养殖高体鰤的含脂量高于野生高体鰤。脂肪酸谱分析发现，在养殖和野生高体鰤的全部部位中，主要的饱和脂肪酸和单不饱和脂肪酸都是棕榈酸（C16：0）和油酸（C18：1 n-9）。野生鱼具有更高含量的饱和脂肪酸［野生鱼为（38.12±0.54）%，养殖鱼为（33.66±0.15）%］、单不饱和脂肪酸［野生鱼为（33.13±1.07）%，养殖鱼为（26.49±0.17）%］、n-3 多不饱和脂肪酸［野生鱼为（23.90±1.02）%，养殖鱼为（19.77±0.51）%］，特别是 DHA［野生鱼为（18.83±0.48）%，养殖鱼为（11.77±0.42）%］。然而，由于含有较高的亚油酸（C18：2n-6），养殖鱼的 n-6 多不饱和脂肪酸含量高。鱼体不同部位间脂肪酸含量的差异，表明高体鰤野生鱼和养殖鱼的肌肉质量存在显著差异。根据这项研究发现，野生和养殖高体鰤的营养都对人类健康有益处，但野生鱼含有更丰富的 n-3 多不饱和脂肪酸，尤其是 DHA（Haouas et al，2010）。

# 参 考 文 献

关长涛，林德芳，黄滨，等．2005. 我国深海抗风浪网箱工程技术的研究与发展//贾晓平．深水抗风浪网箱技术研究．北京：海洋出版社：121-128.

胡石柳，纪荣兴．2003. 杜氏鲕人工苗养殖生物学特性及养殖技术研究．海洋科学，27（7）：5-9.

姜大为，林乐玲，陈勇，等．2001. 黄条鲕室内越冬及生长观察．大连水产学院学报，16（3）：223-227.

姜志强，吴立新，郝拉娣，等．2005. 海水养殖鱼类生物学及养殖．北京：海洋出版社：107-115.

李烟芬，孙逢贤．1996. 真鲷、鲕配合饵料中的新蛋白源．齐鲁渔业，13（1）：6.

廖志强．2003. 高体鲕网箱养殖技术．中国水产（12）：60-61.

林德芳，关长涛，黄文强．2002. 海水网箱养殖工程技术发展现状与展望．渔业现代化（4）：6-9.

刘兴旺，魏万权．2009. 五条鲕蛋白营养生理研究进展．广东饲料，18（11）：31-33.

陆中康．1990. 日本鲕鱼和真鲷沿海养殖方法与技术．现代渔业信息，5（7）：20-23.

缪圣赐．2010. 智利正在开始实施黄条鲕的养殖事业．现代渔业信息，25（9）：33.

农业部渔业局．2012. 2011中国渔业统计年鉴．北京：中国农业出版社．

庞景贵．1994. 日本紫鲕鱼的养殖现状及其存在的问题．海洋信息（6）：23-24.

任忻生，陈宇．2012. 鲕鱼异尖鼻虫病的防治．农村养殖技术（20）：39.

陶启友，郭根喜，周学家．2005. 深水网箱高体鲕养殖试验报告．齐鲁渔业，22（6）：3-5.

王波，孙丕喜，董振芳．2005. 黄尾鲕的生物学特性与养殖．渔业现代化（3）：18-20.

王金朝，张亚娟，王维娜，等．2003. 鲕鱼饵料的研究．饲料研究（5）：41-42.

夏连军，黄宁宇，施兆鸿，等．2005. 影响黄条鲕苗种运输成活率的因素．水产科技情报，32（2）57-58.

熊国强，邓思明．1981. 世界性海水养殖鱼类——黄尾鲕．水产科技情报（4）：30-31.

殷禄阁．1986. 日本大量生产鲕鱼用配合饵料增粘剂．饲料广角（4）：45.

郑乐云，李正良，林越赴，等．1995. 天然鲕鱼苗中间培育技术初探．福建水产（3）：9-13.

Abbink W，Garcia A B，Roques J A C，et al. 2011. The effect of temperature and pH on the growth and physiological response of juvenile yellowtail kingfish *Seriola lalandi* in recirculating aquaculture systems. Aquaculture，330-333：130-135.

Bootha M A，Mosesc M D，Allan G L. 2013. Utilization of carbohydrate by yellowtail kingfish *Seriola lalandi*. Aquaculture，376-379：151-161.

Bowyer J N，Booth M A，Qin J G，et al. 2013. Temperature and dissolved oxygen influence growth and digestive enzyme activities of yellowtail kingfish *Seriola lalandi*（Valenciennes，1833）. Aquaculture Research，doi：10.1111/are.12146.

Brown E J，Bruce M，Pether S，et al. 2011. Do swimming fish always grow fast? Investigating the magnitude and physiological basis of exercise-induced growth in juvenile New Zealand yellowtail kingfish，*Seriola lalandi*. Fish Physiology and Biochemistry，37（2）：327-336.

Coutteau P，Geurden I，Camara M R，et al. 1997. Review on the dietary effects of phospholipids in fish and crustacean larviculture. Aquaculture，155：149-164.

Fujiya M. 1976. Coastal culture of yellowtail（*Seriola quinqueradiata*）and red seabream（*Sparus major*） in Japan//FAO Technical Conference on Aquaculture.

Fujiya M. 1976. Yellowtail (*Seriola quinqueradiata*) farming in Japan. Journal of the Fisheries Research Board of Canada, 33 (4): 911-915.

Haouas W G, Zayene N, Guerbej H, et al. 2010. Fatty acids distribution in different tissues of wild and reared *Seriola dumerili*. International Journal of Food Science & Technology, 45 (7): 1478-1485.

He S, Franco C, Zhang W. 2011. Characterization of processing wastes of Atlantic salmon (*Salmo salar*) and yellowtail kingfish (*Seriola lalandi*) harvested in Australia. International Journal of Food Science & Technology, 46 (9): 1898-1904.

Hilton Z, Poortenaar C W, Sewell M A. 2008. Lipid and protein utilization during early development of yellowtail kingfish (*Seriola lalandi*). Marine Biology, 154 (5): 855-865.

Hutson K S, Smith, B P, Godfrey R T, et al. 2007. A tagging study on yellowtail kingfish (*Seriola lalandi*) and samson fish (S-hippos) in south Australian waters. Transactions of the Royal Society of South Australia, 131 (1): 128-134.

Jovera M, Garcia-Gómezb A, Tomása A, et al. 1999. Growth of mediterranean yellowtail (*Seriola dumerilii*) fed extruded diets containing different levels of protein and lipid. Aquaculture, 179 (1-4): 25-33.

Kofuji P Y M, Akimoto A, Hosokawa H, et al. 2005. Seasonal changes in proteolytic enzymes of yellowtail *Seriola quinqueradiata* (Temminck & Schlegel; Carangidae) fed extruded diets containing different protein and energy levels. Aquaculture Research, 36 (7): 696-703.

Kohbara Ja, Hidakaa I, Matsuokaa F, et al. 2003. Self-feeding behavior of yellowtail, *Seriola quinqueradiata*, in net cages: diel and seasonal patterns and influences of environmental factors. Aquaculture, 220 (1-4): 581-594.

Kolkovski S, Sakakura Y. 2004. Yellowtail kingfish, from larvae to mature fish-problems and opportunities// Cruz Suarez L E, Ricque Marine D, Nieto Lopez M G. Avances en Nutricíon Acuícola VII. Hermosillo, Sonora, Mexico: Simposium Internacional de Nutricíon Acuícola: 109-125.

Masuda R, Takeuchi T, Tsukamoto K, et al. 1999. Incorporation of dietary docosahexaenoic acid into the central nervous system of the yellowtail *Seriola quinqueradiata*. Brain, Behavior and Evolution, 53: 173-179.

Masumoto T, Itoh Y, Ruchimat T, et al, 1998. Dietary amino acids budget for juvenile yellowtail *Seriola quinqueradiata*. Bulletin of Marine Sciences and Fisheries Kochi University, 18: 33-37.

Matsunari H, Hamada K, Mushiake K, et al. 2006. Effects of taurine levels in broodstock diet on reproductive performance of yellowtail *Seriola quinqueradiata*. Fisheries Science, 72 (5): 955-960.

Matsunari H, Takeuchi T, Takahashi M, et al. 2005. Effect of dietary taurine supplementation on growth performance of yellowtail juveniles *Seriola quinqueradiata*. Fisheries Science, 71 (5): 1131-1135.

Mazzola A, Favaloro E, Sarà G. 2000. Cultivation of the Mediterranean amberjack, *Seriola dumerili* (Risso, 1810), in submerged cages in the Western Mediterranean Sea. Aquaculture, 181 (3-4): 257-268.

Miegel R P, Pain S J, Wettere W H E Jv, et al. 2010. Effect of water temperature on gut transit time, digestive enzyme activity and nutrient digestibility in yellowtail kingfish (*Seriola lalandi*). Aquaculture, 308: 145-151.

Moran D G, Wells R M, Pether S J. 2008. Low stress response exhibited by juvenile yellowtail kingfish (*Seriola lalandi* Valenciennes) exposed to hypercapnic conditions associated with transportation. Aquaculture Research, 39 (3): 1399-1407.

Nakada M K. 2002. Yellowtail culture development and solutions for the future. Reviews in Fisheries Science, 10 (3-4): 559-575.

Oku H, Ogata H Y. 2000. Body lipid deposition in juveniles of red sea bream *Pagrus major*, yellowtail *Seriola quinqueradiata*, and Japanese flounder Paralichthys olivaceus. Fisheries Science, 66 (1): 25-31.

Parrish C C. 1999. Lipids in freshwater ecosystems//Determination of total lipid, lipid classes, and fatty acids in aquatic samples. New York: Springer: 4-20.

PIRSA. 2002. Yellowtail kingfish aquaculture in SA, in primary industries and resources SA, Australia.

Porrello S, Andaloro F, Vivona P, et al. 1993. Rearing trial of *Seriola dumerili* in a floating cage. European Aquaculture Society, 18: 299-307.

Sakakura Y, Tsukamoto K. 1999. Ontogeny of aggressive behavior in schools of yellowtail, *Seriola quinqueradiata*. Environmental Biology of Fishes, 56 (1-2): 231-242.

Sargent J R. 1978. Marine wax esters. Science Progress, 65: 437-458.

Sargent J, Bell G, McEvoy L, et al. 1999. Recent developments in the essential fatty acid nutrition of fish. Aquaculture, 177: 191-199.

Satoh K I, Kimoto K, Hitaka E. 2004. Effect of water temperature on the protein digestibility of extruded pellet, single moist pellet and Oregon moist pellet in one-year-old yellowtail. Nippon Suisan Gakkaishi, 70 (5): 758-763.

Shimeno S, Hosokawa H, Takeda M, et al, 1980. Effects of calorie to protein ratios in formulated diet on the growth, feed conversion and body composition of young yellowtail. Bulletin of the Japanese Society of Scientific Fisheries, 46 (9): 1083-1087.

Skaramuca, Kožul, Teskeredzic, et al. 2001. Growth rate of tank-reared Mediterranean amberjack, *Seriola dumerili* (Risso 1810) fed on three different diets. Journal of Applied Ichthyology, 17 (3): 130-133.

Takagi S, Murata H, Goto T, et al. 2006. Hemolytic suppression roles of taurine in yellowtail *Seriola quinqueradiata* fed non-fish meal diet based on soy bean protein. Fisheries Science, 72 (3): 546-555.

Takagi S, Murata H, Goto T, et al. 2008. Taurine is an essential nutrient for yellowtail *Seriola quinqueradiata* fed non-fish meal diets based on soy protein concentrate. Aquaculture, 280 (1-4): 198-208.

Takeuchi T, Shiina Y, Watanabe T, et al. 1992. Suitable protein and lipid levels in diet for fingerlings of yellowtail. Bulletin of the Japanese Society of Scientific Fisheries, 58: 1333-1339.

Talbot C, García-Gómez A, Gándara F D L, et al. 2000. Food intake, growth, and body composition in Mediterranean yellowtail (*Seriola dumerili*) fed isonitrogenous diets containing different lipid levels. Cahiers Options Méditerranéennes, 47: 259-266.

Thakur D P, Morioka K, Itoh N, et al. 2009. Muscle biochemical constituents of cultured amberjack *Seriola dumerili* and their influence on raw meat texture. Fisheries Science, 75 (6): 1489-1498.

Vidal A T, Gándara García F De la, Gómez A G, et al, 2008. Effect of the protein/energy ratio on the growth of Mediterranean yellowtail (*Seriola dumerili*). Aquaculture Research, 39 (11): 1141-1148.

Watanabe K, Aoki H, Hara Y, et al. 1998. Energy and protein requirements of yellowtail: a winter-based assessment at the optimum feeding frequency. Fisheries Science，64（5）：744-752.

Watanabe K，Aoki H，Sanada Y，et al. 1999. A winter-based assessment on energy and protein requirements of yellowtail at the optimum feeding frequency. Fisheries Science，65（4）：537-546.

Watanabe K，Aoki H，Yamagata Y，et al. 2000a. Energy and protein requirements of yellowtail during winter season. Fisheries Science，64：521-527.

Watanabe K，Hara Y，Ura K，et al，2000b. Energy and protein requirements for maximum growth and maintenance of bodyweight of yellowtail. Fisheries Science，66：884-893.

Watanabe K，Kuriyama K，Satoh K，et al. 2001. Further clarification of winter energy and protein requirements at the optimum feeding frequency for yellowtail. Fisheries Science，67：90-103.

# 第五章
# 生物饵料培育

生物饵料是指经过人工筛选的、可进行人工培养的、适合养殖对象食用的生物。生物饵料可分为植物性（光合细菌及微藻）和动物性（轮虫、卤虫、枝角类等）两类。

生物饵料作为养殖水产动物（主要是苗种培育阶段）的饵料，与人工配合饲料相比，具有如下优点。

(1) 改善水质　生物饵料是活的生物，在水中能正常生活，一般不会影响水质。如单胞藻在水中进行光合作用，放出氧气，光合细菌和单胞藻类都能降解水中的富营养化物质，有改善水质的作用。

(2) 营养丰富　生物饵料营养丰富，适合水产动物的营养需求，并且可以通过筛选，获得符合某种养殖对象的某个发育阶段营养需求的、饵料效果好的生物饵料品种。某些种类如螺旋藻等，不但营养价值高，而且有促进养殖水产动物生长和防病的作用。进一步应用现代的科学技术改变培养条件（理化和营养方面），定向控制和强化培养以提高生物饵料体内某些营养物质的数量，使之更适合养殖对象的营养需求，已成为目前国内研究的热点。

(3) 适口性强　大多数贝类和其他水产动物幼虫开始摄食时，只能摄取几微米到十几微米大小的饵料，以目前的技术水平还难以用人工饲料代替。

(4) 方便摄食　可以选择运动能力和分布水层都适合培育幼虫摄食的生物饵料种培养，便于幼虫摄食。

(5) 嗜食性强，易于消化　一般培育的水产动物幼虫都特别喜欢吃生物饵料，而且容易被消化吸收。

鉴于生物饵料具有以上优点，其对水产动物养殖（尤其在苗种培育阶段）的重要性是不言而喻的。在许多水产动物的苗种生产中，都离不开生物饵料。近十几年来，尽管微粒配合饲料的生产有很大的发展，但是，85%以上的水产动物的苗种生产都需要卤虫无节幼体。生物饵料的培养情况，生物饵料的供应量，很大程度上决定着苗种生产的成败及经济效益。因此，一个水产动物育苗技术员的技术水平的高低，在很大程度上取决于该技术员在生物饵料生产上的水平。

# 第一节　微藻培养

## 一、微藻培养概述

　　藻类是低等植物中的一大类，具有叶绿体，整个藻体都能进行光合作用，吸收营养制造有机物质。藻类营养丰富，富含人体及水生动物生长发育所必需的营养物质。尤其是那些单细胞或由数个细胞组成的微藻（也称单胞藻），具有高蛋白质、易吸收，富含 EPA、DHA 等不饱和脂肪酸等优点，目前在人类保健品开发和水产经济动物育苗中被广泛应用。人类对于微藻的认识和利用已经有很久的历史，早在 16 世纪，墨西哥的市场上就出现了用螺旋藻制成的饼干；19 世纪末，人类已经开始培养分离小球藻和栅藻等用于植物生理学研究；进入 20 世纪，微藻的开发利用进入快速发展时期，单细胞硅藻、绿藻以及等边金藻等单胞藻被广泛培养并作为生物饵料用于鱼类、贝类、虾蟹类及棘皮类等水产经济动物的人工育苗中。

　　微藻除可作为水产经济动物（尤其是苗种开发阶段）饵料和饲料添加剂外，还具有其他方面的重要意义。首先，微藻可以作为食品及食品添加剂，如螺旋藻、小球藻和盐藻已经开发成营养食品、保健食品和食品添加剂进入寻常百姓家。其次，可以从微藻中提取生物活性物质，例如从微藻中提取的 EPA 和 DHA 对人类的心脏病、动脉硬化、风湿性关节炎、气喘和糖尿病等有明显疗效。另外，也可以利用微藻提取各种色素。近些年来，随着科技的发展，微藻在开发清洁能源、开发肥料、净化水质、进行遗传学研究等发面也发挥了重要意义。

　　微藻生物技术发展迅速，究其原因，主要是微藻具有以下独特优势：①微藻的整个生物体均可被利用；②营养丰富，富含蛋白质、维生素、不饱和脂肪酸等物质；③相比农作物单位时间和面积的产量高，如螺旋藻为 $7 \sim 12g$（$m^3 \cdot d$）；④生长周期短、繁殖快；⑤有的可利用海水培养，是开发利用海洋的有效途径；⑥微藻可进行自动化生产。

## 二、主要人工培养种类及其生物学

　　国内、外大量培养的微藻种类分属于 7 个门，即蓝藻门、绿藻门、硅藻门、金藻门、黄藻门、隐藻门和红藻门。根据有无鞭毛可以分为鞭毛藻类和非鞭毛藻类；根据生长环境可分为水生微藻、陆生微藻和气生微藻。水生微藻又可分为淡水种和海水种；根据生活方式可分为浮游微藻和底栖微藻；根据营养方式可分为光自养型、异养型和兼养型。

### 1. 螺旋藻

螺旋藻具有高蛋白质、易消化和易采收等优点，许多国家相继进行了开发利用方面的研究，是微藻成功规模化培养的典范。20 世纪 70 年代进入工厂化生产，其产品是营养保健食品、生物饵料和饲料添加剂。我国于 20 世纪 70 年代末期引进藻种，开始进行培养、海水驯化、选种和应用等方面的研究。在水产养殖业，可应用螺旋藻干品（或鲜品）饲养对虾幼体和亲贝，或作为鱼、虾的饲料添加剂，效果显著。培养种类主要是钝顶螺旋藻和极大螺旋藻，吴伯堂等对钝顶螺旋藻进行了海水驯化，并通过筛选获得优良品系 SCS。我国螺旋藻生产发展很快，现已初具规模。

（1）分类地位　螺旋藻属于蓝藻门，蓝藻纲，藻殖段目，颤藻科，螺旋藻属。

（2）形态特征　细胞呈圆筒形，是由单细胞或细胞间隔不明显的多数细胞所组成的螺旋体。丝状体外无胶质衣鞘，细胞内含物均匀或有颗粒体。藻体为淡蓝绿色，无藻殖段，可大量繁殖形成水华，淡水和海水均有分布。蛋白质含量高达 53％～72％，是人类迄今为止发现的蛋白质含量最高的生物。

（3）繁殖方式　细胞行二分裂无性繁殖，使藻丝变长；藻丝断裂增加数量。也以藻殖段繁殖。无有性繁殖。

（4）生态条件　分布很广，淡水和海水、温泉、岩石、树干以及工业循环冷却水管内均可见到。大多生活于水体中，特别是含氮量高、有机质丰富的碱性水体中更为常见。喜高温（28～35℃）、高碱（pH 8.5～10.5）、强光。

### 2. 小球藻

小球藻是第一种被人工培养的微藻。淡水小球藻是工厂化培养的主要种类之一，日本也有培养海水小球藻作为轮虫的饵料。常见种类有普通小球藻、椭圆小球藻和蛋白核小球藻。

（1）分类地位　小球藻属于绿藻门，绿藻纲，绿球藻目，小球藻科，小球藻属。

（2）形态特征　单细胞，小型，单生或聚集成群（蛋白核小球藻），群体内细胞大小不一，球形或椭圆形，色素体 1 个，周生，杯状或片状，大多数种类具有 1 个蛋白核。普通小球藻个体稍大，5～10$\mu$m，蛋白核小球藻 3～5$\mu$m。

（3）繁殖方式　繁殖时每个细胞分裂形成 2 个、4 个、6 个、8 个、16 个似亲孢子，孢子经母细胞壁破裂释放。

（4）生态条件　大多在淡水中生活，少数生活于海水中。淡水种类主要生活在较肥沃的小水体中。自然情况下，个体数一般较少，但在人工培养下能大量繁殖。蛋白质含量丰富，可达干重的 50％左右。

①温度：一般在 10～36℃都可迅速繁殖，最适温度一般在 20～30℃。不同藻种和位置其适宜温度不同。产量高峰期一般在春、夏两季。

②盐度：经驯化可在 0～45 盐度范围内生长繁殖，海水种最适盐度为 25 左右。

③酸碱度：pH 5.5～8.0 均可生长繁殖，最适 pH 为 6～7。

④光照强度：最适光照强度在3 000～10 000lx。

### 3. 栅藻

（1）分类地位　栅藻属于绿藻门，绿藻纲，绿球藻目，栅藻科，栅藻属。

（2）形态特征　植物体常由 4～8 个细胞组成定性群体，有时 2 个、16 个或 32 个，极少数单个。群体中各细胞以其长轴互相平行，在同一平面上排列成一列，或上、下两列或多列。细胞纺锤形、卵形或椭圆形等。细胞壁平滑（双列、斜生），或具有颗粒，或刺状、齿状突起（四尾栅藻）。

（3）繁殖方式　仅以似亲孢子行无性繁殖。

（4）生态条件　淡水中常见种类，在湖泊、池塘、沟渠和水坑等各种水体均有分布，静止水体更适合于其生长繁殖。常见种类有四尾栅藻、斜生栅藻、尖细栅藻等。

①温度：对温度的适应性强。

②盐度：淡水种，仅分布于盐度 10 以下水体。

③酸碱度：最低 pH 为 4～5。

### 4. 扁藻

常用的有青岛大扁藻和亚心形扁藻，其中后者是我国培养时间最早、应用最广泛的一种优质海产动物饵料。

（1）分类地位　扁藻属于绿藻门，绿藻纲，团藻目，衣藻科，扁藻属。

（2）形态特征　单细胞，纵扁。正面观为椭圆形、心形或卵圆形；侧面观为对称或不对称，狭卵形或狭椭圆形；垂直面观为椭圆形或近长圆形。细胞壁薄而平滑。中央有 4 条等长鞭毛，长度等于或略短于体长。垂直面观，2 对鞭毛在细胞两侧两两相对排列。伸缩泡 2 个或不明显。色素体大型，杯状，完全或前端成 4 个分叶，蛋白核 1 个。淡水和海水均有。

（3）繁殖方式　无性繁殖，纵二分裂方式。环境不良时产生休眠孢子。

（4）生态条件　①温度为 7～30℃，最适温度为 20～28℃。②盐度为 8～80，最适盐度为 30～40。③光照强度为1 000～20 000lx，最适光照强度为5 000～10 000lx。④pH 为 6～9，最适 pH 为 7.5～7.8。

### 5. 等鞭金藻

（1）分类地位　等鞭金藻属于金藻门，普林藻纲，等鞭金藻目，等鞭金藻科，等鞭金藻属。

（2）形态特征　单细胞，2 条鞭毛等长，为细胞的 1～2 倍。细胞裸露，色素体 1～2 个。细胞核 1 个，位于细胞中央。目前国内、外养殖业已广泛培养，是海水虾类和贝类育苗的良好饵料。常见种有湛江等鞭金藻、球等鞭金藻。

（3）繁殖方式　主要是无性的纵二分裂方式，可形成内生孢子。

（4）生态条件　①温度。球等鞭金藻 3011 适宜温度为 15～35℃，最适温度为 25～30℃。球等鞭金藻 8701 最适温度为 13～18℃，超过 27℃不能生长。②盐度。球等鞭金藻 3011 从盐度 0～10，生长率急剧上升达到高峰，超过 30 生长减慢。球等鞭金藻 8701 在 10～50 均能正常生长，最适盐度为 22.7～35.8。③光照强度。在 1 000～31 000lx 均能正常生长，最适光照强度为 5 000～11 000lx。④pH。湛江等鞭金藻适应 pH 范围为 6～9，最适 pH 为 7.5～8.5。

# 三、微藻培养的工艺流程

微藻的培养过程可分为：容器与工具的消毒、培养液的制备、接种、培养以及采收 5 个步骤。

## （一）消毒

为了防止敌害生物（捕食者和竞争者）的污染，培养用容器和工具在使用前都需要消毒和灭菌。消毒和灭菌是两个不同的概念。灭菌通常作用于全过程，保证所有微生物全部失活，是达到杀菌作用；而消毒则意味着细菌等微生物数量减少到一个较为安全或可以接受的水平，是起抑菌作用。在实验室内要求采取灭菌操作，在生产中一般进行消毒程序即可。

### 1. 容器与工具的消毒

#### 1）物理消毒法
（1）加热消毒法　原理是高温使蛋白质变性，达到杀死微生物的目的。如通过直接灼烧对接种环、镊子、载玻片、小刀等消毒；采用煮沸的方法对小型容器和工具消毒；使用烘箱干燥消毒的方法对玻璃仪器等进行消毒。

（2）紫外线消毒法　260nm 左右杀毒效果最好，作用 30min 即可。

#### 2）化学消毒法
（1）酒精　使蛋白质脱水变性抑制凝固，70%～75%最佳。

（2）高锰酸钾　10～20mg/L 浸泡 5min，消毒水冲洗 2～3 次。

（3）苯酚（石炭酸）　3%～5%溶液浸泡 30min，消毒水冲洗 2～3 次。

（4）盐酸　10%溶液浸泡 5min，消毒水冲洗 2～3 次。适用于玻璃容器消毒。

（5）漂白粉　1%～5%溶液浸泡 30min，晾干使用。

（6）洗液　200mL 浓硫酸加 15g 重铬酸钾配制，轻轻搅拌，静放 30min 的上清液。仅适用于一级培养的玻璃容器的消毒。

另外，还有臭氧和来苏儿（甲酚与肥皂的混合物）等化学消毒法。

### 2. 培养用水的消毒

（1）加热消毒法　加温至 90℃左右，维持 5min 或达到沸腾即停止加温。适用于一级培养、二级培养，一级培养为了延长保种、防止污染，有时还采用二次加热消毒，即用牛皮纸封口，冷却3～4d再煮一次。

（2）过滤消毒法　一级培养用微孔滤膜，二级培养和三级培养用砂滤和陶瓷过滤结合的方法。

（3）漂白粉消毒　用市售漂白粉（有效氯含量为30％）按80～100mg/L处理消毒12～24h。加入硫代硫酸钠使其浓度达到60～80mg/L，2h后即可使用。

也可使用漂白粉精和次氯酸钠溶液，根据有效氯含量计算硫代硫酸钠的使用量。

## （二）培养液的制备

### 1. 培养液的选择

一般单胞藻饵料培养和以生产有机质为目的的生产性培养，使用天然淡水、海水配制培养液，天然淡水或海水已存在植物必需的各种营养成分。因此，只需补充某些培养中可能缺乏的营养元素即可。尤其是在大量生产中，往往只加入最主要的几种营养元素，可使用工业纯和农肥。国内、外使用的单胞藻培养液配方数量众多，不同的藻类培养研究者会有不同的培养液的配方，但都要遵循一个原则，就是满足微藻的生长需求，培养液中的营养素含量不仅和培养藻种有关，也与培养环境有关。因此，在生产中，要根据实际情况，选择不同的培养液。

### 2. 培养液的制备

按照配方直接称取后溶解即可。营养元素的加入有一定顺序，先加氮，后加磷，然后加铁；难溶解的物质可以通过加热搅拌的方式；维生素等加热易分解的物质等冷却后最后加入。一般制成母液，使用时根据需要量取母液即可。

## （三）接种

培养液配好后应立即进行接种培养。接种就是把选为藻种的藻液接入新配好的培养液中。接种过程虽然简单，但应注意藻种质量、接种藻液的密度和接种比例以及接种时间。

### 1. 藻种质量

藻种的质量对培养结果影响很大。一般要求选取无敌害生物污染、生命力强、生长旺盛的藻种进行接种。外观要求藻液的颜色正常、无大量沉淀和明显附壁现象。

### 2. 接种数量

接种量和接种密度是影响产量的重要因素。接种量是指藻种的绝对数量，接种密度是指接种后的密度。藻种藻液的细胞数量应达到或接近收获的密度，另外，要掌握好接种的藻液量与培养液量的比例，使接种密度达到一定数量，越大越好。接种密度越大，更容易抑制敌害生物的生长，而且培养周期也越短。在环境条件不适、藻细胞生长不良、敌害生物易出现的条件下，尤其应加大接种量。一般小型培养的接种比例在 1 ：（2～3）较合适。二级培养、三级培养可根据情况灵活掌握，一般在 1 ：（10～20）较适宜。当培养池容量大，而藻种不足时，可采取分次加入培养液的方法。

### 3. 接种时间

一天之中在什么时间接种比较好，也是必须注意的问题。一般来说，时间最好是在 08 ：00—10 ：00，不宜在晚上。因为藻类在晚上细胞下沉，而白天藻类有趋光上浮的习性，尤其是能运动的藻类。此时接种也具有优选的作用，因为细胞活性强的一般在水的上层。

阴雨天能不能接种是大家比较关注的问题。阴雨天光照弱，空气湿度大，单胞藻生长繁殖慢，易发生原生动物污染。但是一级培养用的是透光性强的玻璃瓶，因此接种不用担心。另外，如果藻细胞密度较大，阴雨天持续的时间长，如不及时接种可能造成藻种老化，因此，也必须及时接种。

## （四）培养

单胞藻的培养工作包括日常管理、生长情况的观察和检查以及问题分析和处理 3 个方面。

### 1. 日常管理工作

（1）搅拌和充气　在单胞藻培养过程中，必须进行搅拌和充气，搅拌和充气主要有以下 3 个方面的作用。

①补充 $CO_2$。通过搅拌或充气，增加水和空气的接触面，使空气中的 $CO_2$ 溶解到培养液中，补充由于藻细胞进行光合作用对 $CO_2$ 的消耗。②帮助沉淀的藻细胞上浮获得光照。③防止水表面产生菌膜。

在培养中，可根据具体情况分别采用摇动、搅拌或充气的方式。一级培养一般采用摇动的方式，每天至少 3 次。二级培养、三级培养水体大，经常搅动或充气更为重要，搅动时不仅使上层水流动，还要使下层水相互混合。搅动不能用力过猛，防止藻液飞溅进其他池子。搅动越频繁越好，至少每小时 1 次，中午前后光照强度还要增加搅动或充气次数。充气的方式不仅可以连续进行，效果也明显优于人工搅动，而且能使空气中 $CO_2$ 溶解于藻液。

充气对各种单胞藻都适用。有人担心充气会影响鞭毛藻类的生长繁殖。这种担心是多余的，因为某些鞭毛藻在光照适宜的白天多集中于表层，细胞容易粘连，对其生长繁殖不利，充气可改变分布状态，有利无弊，但充气量不要过大。

（2）调节光照强度　自然光和人工光源都可作为饵料微藻的光源。日光是微藻最理想的光源。但日光易变，在培养过程中要根据情况不断调节，光照强度过大时可用白布帘或竹帘遮光。光照弱时就要增加人工光源，常用的人工光源有日光灯、碘钨灯等。

（3）调节温度　每种藻类都有适温范围和最适温度范围。一级培养中，容器较小，可采用空调、烘箱、锅炉等升降温，也可采用光照培养箱培养。在二级培养、三级培养中，温度只能通过通风、遮光等方式降温，采用锅炉、水暖、气暖等方式升温。

（4）养料与水分的补给　根据接种量以及繁殖速度决定养料和水分的补给量，一般采用少量多次的方式。

（5）注意 pH 的变化　单胞藻光合作用消耗大量的 $CO_2$ 使藻液的 pH 升高。在天气晴朗、光照充足，温度适宜的条件下，能使 pH 急剧上升，有时可达 11 以上。这时小新月菱形藻和三角褐指藻会突然出现絮状沉淀，几分钟藻液即变清。其他藻类虽未出现这种情况，但也会出现老化和死亡的现象。因此，调节藻液 pH 是不可忽视的工作。调节方法一般有两种：一是通入 $CO_2$，如果只通入 $CO_2$，pH 变化较大，也难以完全溶解，最好是充入 $CO_2$ 和空气的混合气体；二是加稀盐酸，可边添加边测定。

（6）防虫和防雨　室外开放式培养的培养池，需在傍晚加盖纱窗盖，防止蚊虫进入产卵，有虫卵需及时捞取，下雨刮风应加盖塑料薄膜盖，防止藻液被污染。

## 2. 生长情况的观察和检查

藻类生长情况的好坏，是培养成败的关键。在日常培养工作中，每天上午和下午必须定时做一次全面观察，必要时配合显微镜检查，了解掌握藻类的生长情况。

藻类的生长情况可通过对藻液颜色、藻细胞的运动或沉浮、是否有沉淀和附壁现象、菌膜及敌害生物污染迹象的观察来了解大概情况。肉眼观察比较直观，具体观察包括下列内容。

（1）颜色　颜色观察很重要。绿藻类生长发育良好时，随着密度增加，培养液由嫩绿色到深绿色。三角褐指藻、新月菱形藻正常生长时藻液呈现褐色，藻体悬浮于水中呈云雾状水团，随密度增加，由浅褐色到深褐色。球等鞭金藻生长良好时呈金褐色。接种后各种藻类的细胞浓度逐渐增加，正常情况下颜色由浅变深。若颜色由深变浅则可能是由于环境不适（如肥料不足、光照过强和温度过高等）引起的；若出现其他颜色可能是由于被其他藻类被污染的缘故。

（2）运动和沉淀　具有运动能力的藻类在水中有一定的分布特点。当环境不良时（如光照不足）便下沉形成沉淀，当环境变好时则上浮。上浮的藻细胞越多越好。如果天气正常，藻类细胞在白天也不上浮且出现大量沉淀，搅拌后又很快下沉则属于不正常现象。但培养时间较长时，底部有少量沉淀是正常的。

（3）附壁　生长良好的单胞藻不附壁，产生附壁则说明条件不好。

（4）菌膜　水面出现菌膜表明有真菌或细菌生长。

除了日常观察外，还必须配合显微镜检查才能彻底掌握藻类情况。因为藻细胞及其敌害生物都很小，尤其是经验不足时，发现异常，要经过镜检确定。镜检主要有两方面的内容：一是了解生长情况，主要是形态和运动情况；二是检查生物敌害及杂藻。

## （五）采收

### 1. 收获时间

理论上应该在指数生长期末收获，但实际上并非如此简单。如果在指数生长期末收获，细胞密度往往偏小，产量较低。指数生长期后，随着密度增加，质量会有所下降，但产量仍有提高。因此，采收时间要权衡质量和产量两个方面。如果是作为一级培养的藻种，质量就不可忽视，要在保证质量的前提下，提高密度，不可盲目追求高密度。

### 2. 采收方式

可采用水泵抽取、过滤浓缩、絮凝沉淀等方法。

# 四、影响微藻生长的因子

提高产量是培养单胞藻的不懈追求。要提高产量，首先要满足单胞藻对生态环境的要求，即单胞藻对各种环境因子的需求。影响单胞藻生长繁殖的主要生态因子有光、温度、营养盐、二氧化碳、培养液的 pH、微量元素等。

### 1. 光

光是植物光合作用的能源，对藻类的培养具有重要意义。

（1）光源 太阳光和人工光源配合使用。

（2）光质 指不同波长的光线，即光的颜色。波长对不同的藻类生长速度具有明显影响。如三角褐指藻在红色、黄色、蓝色、白色、紫色5种不同光质下生长速度由快到慢依次为蓝色、紫色、白色、红色、黄色。

（3）光在细胞悬浊液中的穿透 光线在藻液表面部分被反射，部分穿透到水层中，在水中部分光被吸收，部分被散射，部分继续向下辐射。因此，光通过藻液是要衰减的。水分子是光衰减的一个因素，微粒对光的衰减有相当大的影响，溶解有机质对光的吸收也是一个因素，但对光影响最大的是藻类的密度。

（4）光照强度 各种单胞藻都有适宜的光照强度。在适宜光照强度范围内，随着光照强度的增加，单胞藻生长繁殖速度加快。其细胞分裂频率达到最大时的光照强度，称为光饱和。超过光饱和，随着光照强度增加，光合作用和繁殖速度受到抑制，甚至出现死亡。据试验，在 2 000～8 000lx 的光照强度范围内，角毛藻的细胞分裂频率随光照强度增加而增加。光照强度在 2 000～6 000lx 时，随光照强度增加，细胞分裂频率增加显著，每增加 2 000lx，细胞分裂频率增加 22%～28%。光照强度从 6 000lx 增加到 8 000lx，细胞分裂仅增加 0.14 倍。从 8 000lx 增加到 10 000lx，细胞分裂不再增加，因此，其光饱和为 8 000lx。等鞭金藻 3 011 为 10 000lx。

（5）光周期　每天的光照时间称为光周期。在自然生态环境中，光照时间昼夜间有明显规律性。单胞藻长期生长于这种环境中，形成适应性，因此，在人工培养条件下，为促进其增殖，就需要了解单胞藻对光周期的适应能力。对角毛藻进行光照时间为 9h、12h、15h、24h 的试验，结果表明，细胞分裂频率随时间的增加，几乎呈直线上升。其中 24h 光照时间细胞分裂频率最高，9h 最低，因此，角毛藻适宜于人工光源 24h 连续光照下培养。但金藻 8701 光照时间从 8h 增加到 12h，其细胞分裂频率提高 15.0%，而从 12h 增加到 24h，其细胞分裂频率仅提高 10.9%。因此，对金藻 8701 采用人工光源连续光照下培养，意义不大。此外，不仅不同种类适应能力不同，即使是同种不同地理种群对光照时间的适应能力也不同。如普林藻 OA3001 和普林藻 OA3002 细胞分裂频率随光照时间的增加而增加。在 0～24h 的范围内，随光照时间的增加，普林藻 OA3001 藻株的分裂频率继续增加，而 3002 藻株明显下降。

（6）间歇光的作用　单胞藻和高等植物对光能的利用是不同的。由于高等植物的叶片相对固定且不透光，所以对光能的利用必然有较多的损失。单胞藻的悬浊液对光有衰减作用，但仍有部分光可以辐射到深层。另外，单细胞的个体在其群体中的位置是不固定的。在人工干预下，位置可以做频繁、大幅度的变动。这就决定了单胞藻可以更有效地利用光能。但植物的叶绿体是一种只有在低光照强度下才能有效工作的光化学系统（即暗反应）。而在通常的培养中，入射光是很强的，因而藻液中只有少部分细胞对光能的利用率较高。为了提高单胞藻对光能的利用率，通过剧烈搅动藻液使细胞交替地发生向光和背光，能起到持续光照的作用。

当然，光的这几个方面并不是相互孤立的，在生产中应根据实际情况而采取相应的措施。

### 2. 温度

任何生物生存都有适宜温度和最适温度。单胞藻也是如此，温度过高或过低都会对其造成伤害。

（1）温度对单胞藻增殖的影响　温度可以影响单胞藻的光合作用速度。在一定范围内，温度每升高 10℃光合作用速度约增加 1 倍，从而也影响到单胞藻的增殖。角毛藻在 5～30℃内，随温度升高，细胞分裂速度增加，25～30℃增长速度变缓，30～40℃，分裂频率下降，超过 40℃，藻细胞死亡。等鞭金藻 3011 在 10～20℃，随温度升高，分裂频率几乎呈直线上升，20～25℃继续升高，但速度减慢，25～30℃达到最大，30～35℃开始下降，达到 40℃不久即死亡。

（2）温度对单胞藻大小和营养成分的影响　温度对角毛藻细胞大小的影响十分显著，细胞大小随温度升高而变小。据报道，硅藻细胞的营养成分常常随体积的增大而增加，单位体积的营养成分则随细胞增大而降低。

### 3. 盐度

单胞藻长期在不同的水域条件下生存，形成了对各自生活水域盐度的特殊适应性，因此，每种藻类都有一定适应范围和最适范围。低于或超过一定盐度都会制约单胞藻的繁殖和生长，甚至出现死亡。根据单胞藻对盐度的适应范围可分为广盐性种类和狭盐性种类，大多海洋种类为广盐性，淡水种常为狭盐性。

## 4. 营养盐

单胞藻在生长繁殖中，需要从外界吸收各种无机营养物质来制造有机物。植物所吸收的营养元素很多，其中有些是不可缺少的，称为必要元素。如果缺少这些元素，植物就不能正常生长繁殖。这些元素按其存在于植物体中的数量分为大量元素和微量元素两类。大量（常量）元素主要有 C、H、O、N、S、P、K、Ca、Mg、Fe 10 种。微量元素有 Mn、Zn、Al、I、Cl 等。

**1）氮对单胞藻生长繁殖的影响**

（1）单胞藻对各种氮源的利用 硝酸盐（硝酸钠、硝酸钾）、铵盐（氯化铵、硫酸铵、碳酸氢铵）和尿素是培养单胞藻常用的氮源。铵态氮对水产动物的幼体往往有不良影响，在育苗中对铵态氮的量都给予严格控制。另外，铵态氮的浓度过高也会对微藻产生毒害。因此，在培养单胞藻时，多采取施加硝酸盐的措施，而不用铵盐。尿素是有机物，不能直接被单胞藻利用，必须通过尿素酶先还原为铵才能被利用。因此，只有含尿素酶的种类才能利用尿素。如小新月菱形藻、三角褐指藻、角毛藻、球等鞭金藻等。

（2）各种氮源及其浓度对单胞藻生长繁殖的影响 3 种氮源都可以作为藻类的氮源。一般来说，铵态氮效果优于硝态氮，尿素只适用于具有尿素酶的种类。氮肥的用量也是实际工作中常遇到的问题。各种文献报道中的使用量相差较大。现在不少生产单位多以硝酸钠为氮源，使用浓度为 60～80mg/L，相当于 10mg/L 的氮浓度。实践表明，10mg/L 的氮浓度完全可以满足单胞藻的生长繁殖需要。浓度过高对单胞藻的生长并非有利。

**2）磷对单胞藻生长繁殖的影响**

磷作为单胞藻的主要营养元素，来源不像氮那么广，一般使用磷酸盐，常用的有磷酸二氢钾、磷酸二氢钠。单胞藻培养中，氮、磷浓度要一致，一般氮磷比应为 10∶1。但是试验表明，各种单胞藻对磷酸盐的需求量相差较大，适宜的氮磷比相差较大。

## 5. pH

单胞藻对 pH 有一定的适应范围。过高或过低都会影响到单胞藻的生长繁殖，甚至使其生长停滞。

（1）pH 升高对单胞藻生长繁殖的影响 根据对三角褐指藻的试验，培养 2d，细胞密度从 50 万个/mL 增长到 227 万个/mL，藻液 pH 为 8.8，继续培养 1d，增长到 383 万个/mL，pH 为 9.9，在此之后密度不再增加。说明 pH 到 9.9 已能抑制三角褐指藻的增殖。培养的第 6 天 pH 达到 10.08 时，加大二氧化碳的充气量，第 7 天 pH 下降到 8.43，再培养 1d，细胞密度由 681 万个/mL 增加到 1 200万个/mL。

（2）藻液的 pH 波动对单胞藻生长繁殖的影响 仍以三角褐指藻为例，试验分 3 组，均通入二氧化碳将藻液 pH 控制在 7.5～9.0，第一组和第二组试验 pH 不够稳定，日波动大于 0.5，第三组日波动范围为（8.5±0.1），结果前者培养 4d，密度为 700 万个/mL，而后者培养 3d 即达到此浓度。

### 6. 二氧化碳

（1）二氧化碳的存在状态 空气中储存量约为 $7×10^{11}$ t，海洋中约为 $3.9×10^{13}$ t 溶解碳。二氧化碳在水中有 4 种形态：游离态二氧化碳、碳酸氢盐、碳酸盐和游离态碳酸。通常，在 pH 7.8～8.2，游离态二氧化碳在水中占总量的 1%，碳酸氢盐占近 90%，碳酸盐占总量的 9%，游离态碳酸浓度很小，约占总量的 1/700。

（2）单胞藻对二氧化碳的利用 大型藻类（海带、巨藻等）不能直接利用水中二氧化碳，主要碳源为碳酸氢盐。一般认为单胞藻直接从水中吸收游离态的二氧化碳，在细胞表面存在碳酸酐酶的单胞藻能吸收碳酸氢盐。自然界中，单胞藻密度有限，气液接触面大，一般不存在缺二氧化碳的问题。在人工培养中，碳源往往成为单胞藻生长繁殖的限制因子。随着对二氧化碳的吸收利用，藻液的 pH 不断上升。过高的 pH 使藻类难以适应，游离态二氧化碳的降低也会制约藻类的培养，生产中保持游离态二氧化碳含量较高的低 pH 环境是单胞藻培养中必须注意的一个重要问题。

（3）二氧化碳的补给方式 有 3 种，一为通过搅拌增加气液接触面，使空气中的二氧化碳溶解在培养液中；二为冲入空气；三为通入二氧化碳与空气的混合物。

### 7. 有机营养物质

包括葡萄糖、氨基酸、生长激素等。

### 8. 生物因子

包括竞争者和摄食者，藻类自身也会分泌代谢产物抑制其他生物生长。

# 第二节 轮虫的培养

## 一、轮虫培养概述

轮虫是一类世界性分布的微小的（0.04～2.00mm）多细胞动物，最早在 1903 年由列文虎克发现。已知现存种类约 2 000 种，绝大多数生活在淡水中；真正的海洋种类仅 50 种左右，主要分布于沿岸低盐海区或河口半咸水水域（郑重等，1984）。海洋种类中最具经济意义、对世界海水鱼人工育苗业的发展有重大影响的种类，当属广盐性的褶皱臂尾轮虫。20 世纪 50 年代末、60 年代初，正是由于该种轮虫对海鱼初孵仔鱼的饵料价值的发现，使之成为世界海水鱼种苗培育历史的分水岭；在此之前，由于没有找到初孵仔鱼的开口饵料，海鱼种苗的生产性培育除极个别种外，基本上是不成功的。

1959年，我国著名鱼类学家张孝威领导的中国科学院海洋研究所海洋鱼类繁殖研究组，率先发现褶皱臂尾轮虫可作为海水鱼初孵仔鱼的开口饵料，并初步掌握培养方法，为我国海水鱼类的种苗培育和养殖技术的发展做出了突出贡献；他们利用该种饵料，于1960年首次以70%的高成活率获得梭鱼的室内育苗成功。几乎同时，日本学者Ito也提出褶皱臂尾轮虫可作为香鱼幼体的好饵料。然而据Hirata（1980）报道，由于该种轮虫曾长期危害日本鳗鲡的养殖，故在100多年时间里一直被日本认为是水产养殖的敌害生物，以至于20世纪50年代后期还专门研究杀灭轮虫的药物。直到1965年通过对真鲷仔鱼的成功培育，才真正确认了褶皱臂尾轮虫对海鱼幼体的高饵料价值。从此，轮虫的培养和应用便在世界范围内迅速展开，使许多经济海水鱼的种苗培育相继获得成功，并且扩展到虾蟹类的种苗生产。据报道，世界已有60多种海水鱼和18种甲壳动物的种苗生产使要轮虫。我国现在有50多种海水鱼的育苗获得成功，大多需要轮虫做饵。

轮虫的应用大大促进了国内、外海水鱼种苗的生产发展，但同时也造成后者对轮虫的极大依赖。在当今许多海水育苗场，轮虫培养已成为不可或缺的一环；种苗生产的成败在很大程度上取决于轮虫供应是否及时和充足。在鱼类幼体由内源性营养转为外源性营养之日起，通常需要连续投喂轮虫7～30d，1尾鱼苗一般至少需要40 000～173 000个轮虫。虽然近年来用于鱼苗培育的微型配合饲料的研制取得长足进展，但由于初孵仔鱼的消化酶发育尚不完善，故除个别鱼种外，配合饲料迄今仍不能完全替代轮虫。轮虫因自身所具备的若干优良特性（如个体小、游动慢、繁殖快、可高密度培养、营养质量可人为强化、易于被仔鱼消化吸收等），使之在40余年的应用历史中，一直起着作为海水鱼仔鱼和稚鱼、虾蟹幼体开口饵料的关键作用。

然而，多年来在轮虫的应用上也有其不足：一是大量培养的不稳定性。在培养过程中由于种种原因，时常会发生种群密度骤减或被称为"培养垮败"的现象，此时若正值初孵仔鱼苗营养转换的关键时期，则往往导致鱼苗因饥饿而大量死亡。二是大量培养的高成本性，由于种苗生产对轮虫的极大需求量，使得许多育苗场用于培育饵料（微藻和轮虫）的水体往往要超过育苗水体才能满足供应，因而占用了相当大的人力、物力和空间。据报道，我国海水育苗场为满足鱼苗的饵料需求，用于培养藻类、轮虫和育苗的水体通常采用4∶4∶3的比例。三是轮虫一般为现场培养现场使用，其活体不便于运输和储存。这些问题在很大程度上制约着轮虫的更广泛应用，从而影响了种苗生产的进一步发展。因此，如何实现稳定、低成本、高质量的轮虫供应，一直深受各国学者和养殖业者的关注。

## 二、主要人工培养种类及其生物学

轮虫在分类学中的位置，意见并不统一。目前，欧美许多国家将轮虫归属于袋形动物门的轮虫纲。近年，我国把轮虫独立定为一门，即轮虫动物门，下分单巢纲和双巢纲，单巢纲分为游泳目和簇轮虫目，世界上90%的轮虫，超过1600种属于单巢纲的种类。其中饵料价值最大的轮虫有以下几种。

（1）萼花臂尾轮虫　被甲长 $200\sim300\mu m$，宽 $150\sim180\mu m$，被甲前端 2 对棘刺，被甲侧后端有时有 1 对棘刺，足孔两侧还有 2 个较短的突起。生活于淡水池沼、湖泊等有机质多的小型水体中。一年四季均可出现，繁殖高峰期出现在春、夏两季，是轮虫敞池增殖的主要对象之一。

（2）壶状臂尾轮虫　被甲长 $200\sim250\mu m$。前端背面 6 个棘状突，中间 1 对较长，前端腹面也有 1 对突起。生态条件与萼花臂尾轮虫相似，常混居于同一水体，但出现率不如萼花臂尾轮虫，仅出现于春、夏两季，也是饵料轮虫之一。

（3）褶皱臂尾轮虫　分为 2 个亚种，即 L 型褶皱臂尾轮虫和 S 型褶皱臂尾轮虫，通常称之为大型和小型。2 个亚种在形态和生态上主要有以下区别：①L 型被甲长 $140\sim340\mu m$（平均 $240\mu m$），平均湿重 $4.15\mu g$，S 型为 $100\sim200\mu m$（平均 $160\mu m$），平均湿重 $1.61\mu g$。②L 型前端背面 3 对棘刺末端不呈锐角，S 型棘刺末端呈尖锐角。③L 型适合较低水温（$15\sim20℃$），S 型适合较高水温（$20\sim30℃$）。

需要特别注意的是，S 型褶皱臂尾轮虫与壶状臂尾轮虫在形态上极其相似，如前端均为 6 个棘刺，且都比较尖锐等，但二者也有不同：①S 型褶皱臂尾轮虫被甲前端腹面有 4 个较钝的突起，而壶状臂尾轮虫则只有 2 个较尖锐的突起。②壶状臂尾轮虫前端背面的棘刺中央有 1 条隆起之"脊"，S 型褶皱臂尾轮虫则无此"脊"。③S 型褶皱臂尾轮虫生活在盐度大于 5 的咸水或半咸水中，而壶状臂尾轮虫通常生活于盐度小于 5 的淡水或微咸水中。

（4）角突臂尾轮虫　个体相对较小，被甲前端只有 1 对棘刺，约为萼花臂尾轮虫和壶状臂尾轮虫的 1/4。分布广泛，一年四季均可出现，高峰期出现春、秋两季。由于体型较小，是鱼类优良的开口饵料，也是淡水池塘轮虫培养的主要种类。

（5）裂足轮虫　被甲前端有 2 对棘刺，后棘刺一长一短，不对称。足的后端分裂为二。水生植物繁茂，有机质丰富的水域比较常见。一般出现在春、夏两季。

# 三、轮虫培养的工艺流程

## 1. 轮虫种的分离

培养轮虫首先需要有轮虫种，目前的轮虫种最初都是从天然水体中分离出来的，这些轮虫品系一般都经过长期研究和实践证明具有优良的品质，一般不需自行分离，可从有关科研单位或高校获得，若条件允许也可以自己分离。

每年的春、夏和初秋季节，在有机质丰富的小水洼、水塘和河流入海口等水域，常有轮虫繁殖。上午，用 25 号生物网在水面来回捞取几次，然后迎光观察采集瓶，并以手掌在瓶前侧略遮光，若发现水样中有许多小白点上下缓慢移动，则可能是轮虫或其他浮游动物，如果小白点均上浮且消失在水面，则可能是气泡。将水样带回实验室镜检，若有轮虫可采用微吸管进行分离。也可利用轮虫对低氧或其他恶劣环境抵抗力强的特性，待桡足类及其他浮游动物死亡沉于水底时，再用纱布或滤纸平放水面使浮在水上层的轮虫黏附其上，取出纱布把轮虫冲洗入另备的容器中，即可得到较纯的轮虫。按照此法再经 2～3 次分离可得到纯种轮虫。在分离过程中应测定轮虫原生活环境条件，使培养条件与之相近。

若收集和保存有轮虫的休眠卵，在适当条件下孵化后便可直接获得轮虫种。

**2. 休眠卵的孵化**

（1）收集　用采泥器采集有浮游动物分布的水体底泥，加水稀释到 600mL，搅拌均匀后取出 10mL，注入 50mL 的烧瓶中，准备分离。

（2）分离　分离前先用精盐调成饱和食盐水，加入其质量 20% 的蔗糖（普通市售白糖即可），配制成糖盐高渗液。分离时，将高渗液徐徐加入上述盛泥浆水的烧瓶中，用玻璃棒搅动 1min，静置 20min；等泥沙下沉后再搅动，并再加高渗液（同时冲洗玻璃棒），使液面突出于瓶口；这时休眠卵逐渐上浮。为观察清楚，可加 1～2 滴碘液让其着色（用于萌发的卵不可加碘）。

（3）孵化　孵化用水经过消毒，除去甲壳类等敌害生物。孵化器的大小根据休眠卵的数量而定。一般多采用玻璃缸、塑料水桶、水族箱等小型容器。孵化容器经刷洗消毒处理后使用。孵化过程最好连续充气，如无充气设备要经常搅动水体。休眠卵常含有杂质，如果杂质多，则要控制孵化密度，否则易败坏水质。孵化后应将仔虫从孵化器中吸出，放入另外的培养容器中培养。

（4）影响萌发的因素　褶皱臂尾轮虫冬卵在温度为 5～35℃均可萌发，以 15～35℃最为适宜。温度达到 40℃则不能孵化。

**3. 轮虫的大面积土池培养**

用作轮虫培养（增殖）的水体（不加盖顶的敞池）有两类：一是水体沉积物中蕴含大量（每平方米大于几十万个）的轮虫休眠卵的水体，多为水体交换量极小的静水池塘，因种源来自本水体，称为内源型水体；另一种是水体沉积物中很少或虽有沉积物但缺少轮虫休眠卵的水体，这多半是新建或水交换量较大（如养虾池）的池塘，种源并非本池所提供，可谓外源型水体。生产中更多的情况是利用外源型水体培养轮虫。

**1）外源型水体培养轮虫**

（1）选塘　选择或修建面积为 2 000～3 000m²、有效水深 1.2～2.0m，注水方便的连片池塘作为轮虫培养池，盐度较高海区最好有淡水水源，方便调节盐度。淡水轮虫培养池水的盐度小于 0.5，褶皱臂尾轮虫培养池水的盐度为 10～30。

（2）清塘　用生石灰或漂白粉带水清塘（平均水深 30～50cm）。如果水源是深井水者则可排水清塘。

（3）注水　排水清塘后 1～2d，注入深井水，初始水深 30～50cm。若为带水清塘则不必注水。

（4）单胞藻培养　待水中清塘药物毒性消失（生石灰 pH 小于 9，漂白粉消毒有效氯含量低于 0.5mg/L）后按水体 5％～10％的量接种小球藻（种源密度为 500 万～1 000 万/mL），24h 后施化肥。其后每 1～2d 按等量追肥，保持水中氨氮为 1mg/L。

（5）引种 池水中单胞藻（小球藻）达到 300 万～500 万个/mL，便可引种轮虫，按 100～1000 个/L 的密度，一次性投放培养池中，投放密度视水体肥度而定，水瘦（透明度大于 30cm），投放密度稀（10～100 个/L）。原因是肥水 pH 高，较大量的轮虫可在短时间内吃掉相当数量的单胞藻，减少因强烈光合作用导致的高 pH 危害。如能保证种源，此法成功率高而且速度较快。

此外，还可采用以下两种方法引种：①沉积物移植。把富含（大于 500 万个/m²）轮虫休眠卵的水底沉积物挖出后加少量生石灰调节 pH 近中性，兑成浆泼洒于培养池中，此法即可引种，又能施肥，缺点是劳动量比较大。②休眠卵移植。将事先收集好的轮虫休眠卵用袋装法（300 目筛绢制成）置于水下 10～20cm 处，待轮虫孵出后再解袋放虫。如有足够多的休眠卵，此法省力省工。

（6）投饵 培养池轮虫大量繁殖进入指数生长期后，便要考虑补充饵料的问题。其原则是浮游植物、有机碎屑和菌类（包括细菌和酵母）食物混合投喂。当池水中浮游植物量极大时（透明度低于 20cm），pH 往往偏高，溶解氧过饱和不利于轮虫增殖，此时补充有机碎屑（粪肥、豆浆等）或菌类（光合细菌、酵母等）食物，可有效地降低过高的 pH 和溶解氧；当浮游植物量较少（透明度高于 30cm），应首先考虑补充注入富含浮游植物的肥水，同时补充上述食物。此时补充碎屑和酵母还可减少轮虫对浮游植物的压力。为保证轮虫池有足够的单胞藻供应，必须设置专门的小球藻培养池，面积与轮虫池相近，位置尽量靠近轮虫培育池。同时，注意在小球藻池水被抽出后，应立即补充经严格消毒后的清水。

（7）增氧 利用浮游植物进行生物增氧是保证轮虫池溶解氧的最好办法，其最理想的单胞藻首推绿裸藻。实践证明，无论淡水还是咸水轮虫培育池，中、后期都容易发生绿裸藻，但只要保证小球藻供应，池中的绿裸藻不仅不会直接危害轮虫，反而能提供充足的溶解氧，是轮虫持续高产的有效保障。当绿裸藻的量过大时，可通过弃水滤虫的方式，调节池水肥度。为充分利用风力增氧，将轮虫培育池按东西长、南北短的走向设计，可借助风浪增氧，还有利于池底沉积物的矿化。对那些面积偏小、吃水较深的轮虫池配备增氧机也不失为一种增氧的有效方式。

（8）敌害防治 轮虫的主要敌害包括甲壳动物、摇蚊幼虫、多毛类幼体、大型原生动物和丝状藻类等。对此应以防为主，即要彻底清塘、严格滤水。一旦发生，可分别采取以下措施。

①甲壳类（包括桡足类、枝角类、沟虾等）和摇蚊幼虫。可采用 0.5～1.2mg/L 的晶体敌百虫全池泼洒。具体浓度依敌害生物种类、水温、水质而定。一般情况下（常温、中等肥水），枝角类为 0.5mg/L，沟虾和摇蚊幼虫为 1.0mg/L，桡足类为 1.0～1.2mg/L。上述剂量对轮虫影响不大。

②多毛类幼体。沿海池塘中经常出现海稚虫幼体，体长约为 1mm，此种多毛类大量存在严重影响轮虫的增殖。目前已探明才女虫的生活史，可在清塘前采用冻底的方式预

防，注水采用 150 目的筛绢网过滤。一旦发生可采用茶籽饼溶液泼洒。

③大型原生动物。特别是直径大于 $50\mu m$ 的大型纤毛虫，如游仆虫等常常是轮虫的敌害，尤其是投喂酵母或有机碎屑最易发生。其危害程度视原生动物与轮虫相对密度而有所不同。据观察，二者相对密度小于 $3:1$ 时，将同步增长，对轮虫繁殖影响不大，超过此值则轮虫受到抑制。在这种情况下，应停止投喂酵母而注入富含浮游植物的肥水。腐生性的大型原生动物由于食物缺乏导致数量锐减。因此，在培养前期，通常先施无机肥，等轮虫达到一定数量后再施有机肥和投喂酵母。如果池塘水体很小，可采用卤虫摄食。

④丝状藻类。包括丝状绿藻（水绵、刚毛藻等）、丝状蓝藻（螺旋藻、颤藻等）、丝状硅藻（角毛藻、直链藻等）。其危害是个体大，难以被利用，和单胞藻争取营养，还会使轮虫被困其中。防治方法：保持适当浑浊度，施有机肥、投饵（酵母）和搅底是有效途径；轮虫的灯光诱捕；网捞。

另外，在淡水轮虫培育中，晶囊轮虫也是一大危害。对此最好的办法就是选择底泥中没有晶囊轮虫卵的池塘（一般为新挖池塘或经彻底清塘）。

**2）内源型水体的轮虫增殖**

如果水体沉积物中已储备有一定量的轮虫休眠卵，采取以下措施可在预定时间内使池塘轮虫数量达到高峰期。

（1）选塘　休眠卵数量大于 100 万个$/m^2$。

（2）清塘　秋末排水（存留 $20\sim30cm$）后用药物（生石灰或浓度大于 $50mg/L$ 的漂白粉）清塘。

（3）冻底　清塘后自然冰冻越冬，时间为 $1\sim2$ 个月。

（4）晒底　如果春季清塘，则排水撒药后晒 1 周，沉积物中的休眠卵受光照刺激有助于其萌发。

（5）搅底　平均水温高于 8℃。若温度太低，易冻伤休眠卵。

（6）肥度　水肥度的调控应先瘦后肥。

（7）保护卵资源　增殖的同时应采取措施保护好轮虫卵资源。

# 四、轮虫的营养和营养强化

## 1. 饵料对轮虫的种群增长和营养价值的影响

褶皱臂尾轮虫食性广泛，可摄食多种饵料。不同饵料对轮虫的生长繁殖有不同作用，而且会影响养殖轮虫的营养成分，尤其是 n-3 高不饱和脂肪酸的组成及含量。生产性轮虫培养的主要饵料有以下两大类。

（1）单胞藻类　各种大小适宜的单胞藻类大多数都是轮虫的良好饵料。在各类单胞藻饵料中，普遍认为绿藻优于金藻，金藻又优于硅藻。以单胞藻培养的轮虫，营养价值高。但用单胞藻培养轮虫，存在的最大问题是需要许多水池，占用大量设备和人力。其次，目前单胞藻类多采用直接投喂，单一使用单胞藻培养轮虫，轮虫密度不大，在生产性培养中一般密度高的也只有 40～60 个/mL 的水平，难以适应生产性苗种培养的需要。因此，在实际生产中，多采用酵母菌和单胞藻类配合使用的方法代替单一使用单胞藻饵料培养轮虫。最近，日本开发了浓缩小球藻技术及其产品，使得用单胞藻培养轮虫的培养密度得到很大提高，且大幅降低了自行培养单胞藻的水体及人力、物力。

（2）酵母类　从 20 世纪 70 年代起，在轮虫的培养中开始广泛使用面包酵母为饵料。面包酵母不耐盐，在海水中成活时间不长。因此，应采用分次投饵，并控制投饵量。酵母类作为饵料，成功地使轮虫培养密度达到 400～600 个/mL，甚至超过 4 000 个/mL 的高密度。而且，酵母具有供应稳定、易于储藏、投喂简便等特点，从而大大简化了培养单胞藻的设备和人力，降低了成本。但完全用酵母培养的轮虫在高不饱和脂肪酸的营养上存在重大缺陷，不利于仔鱼、稚鱼的正常发育。

鉴于单胞藻和酵母培养轮虫各具优点和缺点，在实际生产中，用酵母和海水小球藻配合培养轮虫，已成为一种规范化的轮虫培养技术。

油脂酵母是在制造面包酵母的工序中，提供含有 n-3 高不饱和脂肪酸的油脂，使酵母菌体中含有这种油脂。与面包酵母不同，单独投喂油脂酵母的轮虫，不会在营养上有明显缺陷。但用油脂酵母饲育轮虫，存在部分脱出的釉质污染轮虫培养水体的问题，从而降低轮虫培养的稳定性，使培养周期缩短。

### 2. 轮虫营养强化的方法和效果

#### 1）酵母培育轮虫的营养强化

目前，针对酵母培育的轮虫的营养缺陷，生产上采用了一些营养强化的方法，来提高酵母轮虫的营养价值，主要有以下几种。

用面包酵母和海水小球藻混合培养轮虫。此法可有效提高所培养的轮虫体内的 EPA 含量（达 11%～12%）。②利用油脂酵母替代普通酵母饲喂轮虫。③用海水小球藻对用面包酵母培养的轮虫进行二次强化培养。其一般做法是：先用酵母培养大量的轮虫，然后将采收的轮虫集中在小水体中，用海水小球藻培养 12h 以上，再将经小球藻培养的轮虫用于投喂苗种。④用乳化后的配合鱼油或鱼油微胶囊对用面包酵母培养的轮虫进行营养强化。目前市场上的各厂家生产的轮虫营养强化剂基本属于此类。

随着对海水仔鱼、稚鱼及甲壳动物的必需脂肪酸研究的逐步深入，发现不单是 EPA 对幼体的正常变态发育有重要影响，DHA（22：6 n-3）、ARA（20：4 n-6）、EPA/DHA 等对幼体的变态发育均有重要作用。用海水小球藻强化轮虫时，由于小球藻本身缺乏 DHA，且其他脂肪酸的含量也随培养条件的不同而有差异，因此，小球藻强化轮虫的 DHA 含量仍有缺陷。在上述营养强化方法中，目前以乳化鱼油或鱼油微胶囊进行的二次强化方法应用最为简便，效果也最为明显。

轮虫蛋白质营养强化方面的研究才刚刚起步。Oie et al（1997）研究表明，不同培养条件下或不同生长阶段的轮虫的蛋白质含量变化比较大，为 28%～67%（DW），而氨基酸组成则几乎没有变化。蛋白质含量的较大变化足以影响海水鱼、虾幼体的生长。由于乳化强化法单纯用脂肪强化，提高了轮虫的脂肪含量，使蛋白质/脂类的比值降低。这对海水鱼幼体来讲，不利于生长，对虾、蟹类可能有利。所以在投喂海水鱼时，要注意选择繁殖最快时期的轮虫，这时轮虫的蛋白质/脂类的比值为1.5～2.0，营养价值高，适合投喂海水鱼幼体。在轮虫培养的晚期，其质量降低。

目前已有商用的轮虫蛋白质营养强化剂，Oie et al（1996）用蛋白质强化剂强化轮虫，强化方法同乳化油强化法类似，蛋白质强化剂在培养容器中的浓度为125 mg/L，强化时间为3～4 h，可显著提高轮虫的蛋白质含量和轮虫的质量。

轮虫的脂类含量在9%（DW）左右，强化后可高达28%（DW）。众所周知，轮虫脂类的含量和脂肪酸组成对鱼、虾、蟹幼体的发育和成活有着非常重要的影响。轮虫的脂类组成中，34%～43%是磷脂，20%～55%是由甘油三酯组成，此外，还有少量的甘油一酯、甘油二酯、固醇、固醇酯和游离脂肪酸。轮虫脂类含量和脂肪酸组成，特别是EPA和DHA，受饵料脂类含量和脂肪酸组成的影响非常大，所以可以通过EPA和DHA含量高的饵料和食物，强化常规培养条件下的轮虫，提高n-3高不饱和脂肪酸的含量，满足虾、蟹幼体发育所需。不过相比之下，轮虫磷脂的脂肪酸组成受饵料脂肪酸组成的影响与甘油三酯相比要小得多。

**2）轮虫 n-3 高不饱和脂肪酸的强化方法**

（1）微藻营养强化　常用于强化轮虫的藻类有微绿球藻（*Nannochloropsis oculata*），该藻具有高含量的EPA（30%），是轮虫培养的优良饵料，但不适宜于培养贝类、卤虫和桡足类。另一类常用的强化轮虫的藻类是金藻，如球等鞭金藻，其DHA的含量比较高，为12%或10 mg/g（DW），特别适合于轮虫的强化，而且它们也相对比较容易大量培养。如果金藻类的浓度在$5 \times 10^6 \sim 26 \times 10^6$个/mL，强化几个小时，轮虫的DHA/EPA比值可达2以上。上述两种微藻都含有一定量的ARA，这是许多活性物质如前列腺素的前体物质，具有重要的生理功能。对于鱼、虾、蟹类的幼体发育，饵料中合适的EPA、DHA和ARA比例对其生长发育有重要影响，比如对于大菱鲆幼体，合适的EPA∶DHA∶ARA为1.80∶1.00∶0.12。将以上2种微藻混合进行轮虫的强化培养，一般可获得良好的效果。不过，用藻类强化轮虫，成本一般比较高，因为多数情况下，培养出质量好的藻类难度较大，而且还需一定的人工成本。不过，目前正尝试用浓缩的藻类或冰冻藻类去强化轮虫，此方法有如下优点：①这些藻类产品可以运输和储存。浓缩和冰冻的藻类可储存2周左右，这样可克服在生产上藻类培养与轮虫强化在时间上脱节的问题。②藻类可以在人为控制的条件下保证培养的高质量。这些藻类的化学成分和质量可以在强化轮虫之前进行测定，以保证强化轮虫的饵料安全。③用藻类可以培养出高密度的轮虫。

（2）酵母添加鱼油的直接强化法　一般用面包酵母培养轮虫，其脂肪酸营养都有缺陷，此时可采用在酵母中直接添加鱼油的方法进行强化，也称为油脂酵母法。一般鱼油的添加量为10%，添加20%以上的鱼油，不能被酵母完全融合吸收。投喂前，一般取2g酵母鱼油饲料，添加到200mL的海水中，均匀搅拌后，保存于4～8℃环境。

（3）油脂乳化法　由于轮虫的摄食是滤食性的，对高不饱和脂肪酸的吸收是无选择性的，所以，用高含量的高不饱和脂肪酸强化轮虫，可显著提高轮虫体内这些脂肪酸的含量。Fujita（1982）最先用鱼油、蛋黄和海水一起搅拌，制成高不饱和脂肪酸含量高（占总脂肪含量的20%～30%）的乳化油。现在常通过化学纯化获得高不饱和脂肪酸含量更高（占总脂肪含量的60%～90%）的浓缩油的乳化油进行轮虫高不饱和脂肪酸的强化，可获得更好的效果。但要注意这种乳化油制成以后，一定要尽快对轮虫进行强化，因为这种乳化油的稳定性不好，不易储藏。

用浓缩油制成的乳化油强化轮虫，可显著提高轮虫脂肪的含量和高不饱和脂肪酸的含量。

不过油脂乳化法有自己难以克服的一些缺点：由于强化的时间一般在12～24 h，在此时间之内，由于轮虫大多收集浓缩后进行强化，密度较高，会造成一部分轮虫死亡。其次，除了轮虫吸收的油脂以外，有很大一部分油脂是黏附在轮虫身体上的（因为轮虫小，接触面大），将这些轮虫饲喂鱼、虾幼体，会造成水质破坏。再者，乳化后的轮虫吸收的脂肪主要还停留在消化道内，如果轮虫不被马上摄取，其营养价值就会改变。不过一旦吸收的高不饱和脂肪酸被吸收合成轮虫自身的脂肪，其成分是相对稳定的，这一点不像卤虫无节幼体，吸收的高不饱和脂肪酸会很快被代谢利用。

（4）配合饲料进行强化　随着商业育苗的不断发展，在国内、外市场上涌现出一批轮虫强化剂产品，可以克服上述强化的缺陷。

日本的强化方法：用浓缩的海水小球藻加维生素和高不饱和脂肪酸，培养的效果非常好（Rodriquez et al 1996）。

欧洲的强化方法：商品名为Culture Selco（CS）和Protein Selco（PS），不需要微囊化。用CS饲料强化后的轮虫（DW）分别含5.4mg/g、4.4mg/g、15.6mg/g EPA、DHA和n-3高不饱和脂肪酸，脂类含量为18%，强化脂肪的效果好于单胞藻的强化效果，培养轮虫的脂肪含量适中，轮虫死亡少，培养的密度高。

我国也有相关强化饲料，如50DE微囊系列的DHA营养强化饲料在我国使用较广，这些强化饲料可大幅度提高轮虫的n-3高不饱和脂肪酸含量和维生素水平，基本上可满足轮虫及水产动物幼体初期营养的需要。

（5）不同类型脂肪酸强化轮虫效果的比较　成永旭等（2000）试验证实，轮虫脂类的高不饱和脂肪酸的提高和强化效果与饲料中的高不饱和脂肪酸的化学形态有关，甘油三酯型饲料对轮虫高不饱和脂肪酸的强化效果高于磷脂型饲料对其高不饱和脂肪酸的强化效果。Rodriguez et al（1996）利用甘油三酯型的乳化油（甘油三酯中高不饱和脂肪酸含量为40%）和高不饱和脂肪酸的甲酯型乳化油（高不饱和脂肪酸含量为80%）强化轮虫，效果都比较好，但后者会造成携卵轮虫的大量死亡，所以这两种强化型乳化油，仍以甘油三酯型为好。张利民等（1997）对脂肪酸型、甲酯型、乙酯型、甘油酯型等几种类型的n-3高不饱和脂肪酸强化饲料对轮虫的培养试验表明，它们都可以提高DHA/FA的值，其中以脂肪酸型的生物利用度和吸收度为最好，其次为甘油酯型，单酯型效果最差。脂肪酸型饲料对轮虫体内DHA的强化效果最好。不同类型脂肪强化效果从优到差依次为：脂肪酸型、甘油三酯型、单酯型、磷脂型。

维生素C不仅能够刺激轮虫的生长，而且对海水鱼幼体的成活和生长有重要作用。轮虫的维生素C主要来源于其食物。

Dhert et al（2001）试验发现单纯用面包酵母培养的轮虫，其维生素C的含量非常低，为150mg/g（DW），用小球藻培养的轮虫维生素C的含量为1 000～2 300mg/g（DW），其含量多少与藻类的质量有密切关系。因此，轮虫维生素C的强化主要以富含维生素C的微藻为主，如等鞭金藻、小球藻和微绿球藻。为提高轮虫维生素C含量，一般在乳化油强化轮虫时，可同时加入水溶性的维生素C，其成分一般是抗坏血酸棕榈酸酯（ascorbyl palmitate），该成分比较稳定，它被轮虫吸收后在轮虫体内通过酶解转化为维生素C，这种转化的效率非常高。比如在乳化液中加入5%抗坏血酸棕榈酸酯，经过24h强化，轮虫体内维生素C的含量可达1 700mg/g（DW），而且在海水中经过24h，其含量也不会下降。

轮虫通过强化，可作为抗生素或微生态制剂的载体，在鱼、虾幼体发育时可防治疾病，并增强免疫力。

# 第三节　桡足类的培养

## 一、桡足类培养概述

桡足类属节肢动物门、甲壳纲、桡足亚纲，是小型低等甲壳动物，广泛分布于海洋和淡水中。桡足类是浮游动物中的一个重要组成部分，同时也是生态系统食物链中的重要环节，可作为鱼类和其他动物良好的天然饵料。据FAO估计，1999年海洋渔业产业中，0.92亿t的渔获量是以天然桡足类为食的鱼类。但也有一些种类营寄生生活。作为生物饵料培养的种类，分别隶属于哲水蚤目（Calanoida）、剑水蚤目（Cyclopoida）和猛水蚤目（Harpacticoida）。由于桡足类活动迅速，世代周期相对较长，作为饵料生物培养时，其培养的意义不如轮虫和枝角类。但是，从营养角度看，桡足类的营养价值要优于人工培养的轮虫和枝角类。

## 二、桡足类的生物学

### 1. 形态特征

桡足类的体形是多种多样的，这与其生活环境相关。浮游种类的躯体呈圆筒形，附肢刚毛发达。底栖种类则体形扁平，狭长。桡足类的体色也呈多样化，一般生活在海水表层的种类，其身体透明，无色或蓝色。而深海的种类，体色通常带红色。淡水产的桡足类大多为白色不透明。

桡足类成体身体分节明显，全身由 16～17 个体节组成。但由于愈合的原因，通常见到的体节数不超过 11 个。身体分头胸部和腹部 2 部分。各节均有 1 对附肢。头部由头节（5 个体节愈合而成）和第一胸节（有时还包括第二胸节）愈合而成。头部的第一触角强大，与胸部的 5 对附肢一起构成游泳器官。腹部不具附肢，一般由 3～5 节组成。节数雌雄有区别，雄性比雌性多 1 节。第一腹节为生殖节，具生殖孔。雌性腹面膨大为生殖突，这个腹节的形态是分类的重要依据之一。最末腹节称尾节或肛节，肛门位于其背面末端。尾节末端有一尾叉，形态因种类而异。尾叉末端有 5 根不等长的刚毛，刚毛的发达程度与水温有关，一般热带种类的刚毛较长，且多为羽状。

**2. 生殖和发育**

（1）生殖习性　桡足类雌雄异体，而且异形。生殖腺单个，长柱形，位于头胸部背面中央。雌性的生殖孔位于第一腹节（生殖节）的腹面。在生殖孔两侧各有 1 个纳精囊，纳精囊有一短管与生殖孔相通。雄性生殖管后端有一精荚囊，成熟的精子在精荚囊中形成精荚，精荚成熟后通过雄性生殖孔排出。雄性生殖孔开口在第一腹节的左边后缘。

在生殖季节，一般雄体都用第一触角或第五胸足拥抱雌体。交配时，雌体先用第一触角抱住雌体的尾叉，随后用第五胸足抱住雌体的腹部。接着成熟的精荚从雄性生殖孔中排出，由第五胸足的左外肢将精荚挂在雌体的纳精囊上。有时纳精囊也会错挂在其他位置，甚至在雌体的附肢上。带有精荚的雌体都能正常地受精。一般每个雌体带有 1 个精荚，有时带 2～3 个，最多可带 15 个。当成熟的卵从雌体排出时，精荚内的精子也同时排出，精卵受精。桡足类产卵的方式，可以是产单个卵于海水中，也可以以卵囊形式产卵群（5～20 个卵）悬挂于雌体腹面，还可以产黏性卵黏附在雌体的胸足上。卵通常产出受精后即开始胚胎发育，最终孵化成无节幼体。

（2）幼体发育　桡足类的卵孵化成无节幼体后，在发育过程中存在变态。历经无节幼体、桡足幼体和成体 3 个阶段。桡足类无节幼体呈圆形，具有 3 对附肢和 1 个单眼。无节幼体一般分为 6 期，前三期为内源性营养，靠消耗自身的卵黄维持发育，第四期后，消化道打通，开始外源性营养，摄取水体中的单胞藻类。各期无节幼体在大小和附肢刚毛数量上差异明显。桡足类无节幼体经过 6 次蜕皮，体长逐渐增长，并出现体节，称为桡足幼体。桡足幼体的身体可分为头胸部和腹部，基本上具备了成体的外形特征，所不同的是，其身体较小，体节和胸足数量少。桡足幼体阶段通常可分 5～6 期。随发育期的增加，桡足幼体的体节数量也增加。第六期外形与成体相同，只是未达性成熟，但雌雄性征在桡足幼体第五期时即可区别。

桡足类的生长和发育同其他甲壳动物一样，通过蜕皮而生长，自孵化后的无节幼体开始，每蜕皮一次，即进入一个新的发育期。一旦性腺发育成熟，则一般不再蜕皮。在整个发育过程中，受精卵孵化成无节幼体，无节幼体从三期变态成四期以及无节幼体从六期变态为桡足幼体一期的 3 个阶段是敏感期，容易死亡。

（3）休眠　桡足类也存在休眠现象，其休眠的形式有休眠卵、休眠桡足幼体和休眠成体 3 种。目前为止尚未发现有桡足类以无节幼体进行休眠的报道。哲水蚤、剑水蚤和猛水蚤中不少种类用休眠卵来渡过环境不利的时期，但以桡足幼体（通常是第一期至第五期）和雌雄成体休眠的种类更为普遍。如常见的剑水蚤、真剑水蚤、中剑水蚤、大剑水蚤等属的许多种类，在春夏之交或秋季开始休眠，或在湿土中度过水域的干涸期。休眠个体通常藏在一个包囊中，包囊由特殊的分泌物、泥和植物块组成，有些雌性成体休眠时还带有卵囊，在包囊中的卵囊也能一并渡过不良环境时期。也有一些桡足类的幼体或成体休眠时不形成包囊，直接在水域底部的淤泥中越冬，如广布中剑水蚤。正因为桡足类能够以休眠成体的形式应对不良环境，所以在排水后的鱼池一注入新水很快会出现性成熟的剑水蚤。

### 3. 摄食与饵料

桡足类的摄食方式有滤食、捕食和杂食 3 种。

大多数哲水蚤以滤食的方式摄食。大多数单细胞植物、细菌和有机碎屑是滤食性桡足类的饵料。

营捕食方式的桡足类包括大多数剑水蚤类和一些哲水蚤类，它们通常以捕获各种小型动物及卵为食，如寡毛类、摇蚊幼虫、其他桡足类和鱼卵等。

杂食性的桡足类有刺水蚤类以及宽水蚤属的种类，主要以滤食方式摄食微小浮游生物，有时也捕食其他小型桡足类。

## 三、桡足类的培养

### 1. 室内小型培养

室内小型培养是桡足类实验室生态研究的基本方法，也是开展桡足类大量生产必需的前期工作。从生物饵料培养的角度看，桡足类室内小型培养的基本过程包括以下几个方面。

（1）培养种的选择 桡足类的种类很多，生物学习性有些相差很大。以培养生物饵料为目的，一般选择易培养、发育快、产卵量多、滤食性的近岸半咸水种类，且应为鱼、虾的优良天然饵料。培养用的种源一般可在天然水体中出现优势种群时采集获得。

（2）驯化 刚从天然水域采集的桡足类培养种，往往不能适应实验室内的小水体培养，故有一个驯化过程。驯化开始时培养水体要大，水温、盐度、光照等环境因素要尽量模拟野外条件，然后逐渐调整到实验室正常培养所需的条件。

（3）培养用水的处理 水质的好坏是影响室内桡足类培养成败的一重要因素。要保持良好的水质，培养用水必须新鲜，经沉淀过滤后使用。初始培养用水最好经加热消毒。

（4）接种 室内小型培养桡足类的接种密度，一般以 $0.1 \sim 1.0$ 个/mL 为宜。

（5）培养管理 桡足类培养日常管理工作有投饵、换水、充气和抑制细菌的大量孳生等。

由于目前的培养种类都为滤食性，故其饵料可以是各种单胞藻类，也可以间或投喂酵母。饵料的投喂量可参考轮虫和枝角类的投喂。培养过程中，为了保持水质的新鲜，需定期换水，换水间隔及换水量视培养密度、饵料情况及水质情况而定。由于桡足类适应弱水流，故换水时吸水和加水的水流要慢，并保持水质的相对稳定。培养过程中，维持弱充气，以满足桡足类对水体溶解氧的需求。在培养过程中，特别是培养初期，桡足幼体对细菌过量繁殖很敏感，抵抗力差，常会引起培养的失败。因此，在对培养水体进行有效消毒，保持水质清新的同时，还可使用抗生素以抑制水体细菌的大量生长。

**2. 室外土池培养**

（1）培养池　培养土池的面积以 $350\sim700m^2$ 为好，建于中潮线附近，大潮时可灌进海水达 1m 水深。池底为泥沙质底，底面平坦，向闸门倾斜。池壁坚固，设有一闸门。

（2）清池　清池的目的是为了消灭桡足类的敌害生物，尤其是鱼类、甲壳类及水母。

（3）灌水施肥　清池药效消失后，可进水。进水时在闸门处安装 80 目筛网，让单细胞的浮游植物和桡足类的幼体进入培养池，而大型的敌害生物则不能进入培养池。在天然海区中的桡足类种类繁多，但进入培养池后，只有那些滤食性、适应能力强、繁殖速度快的种类能形成优势种，最终成为培养种。土池培养桡足类时，常见的优势种有双齿许水蚤（*Schmackeria dubia*）、纺锤水蚤（*Acartia sp.*）和强额拟哲水蚤（*Paracalanus crassirostris*）3 种。当水位达到要求后，关闭闸门，施肥培养单胞藻。施肥量可参照轮虫的土池培养进行。

（4）培养管理　维持培养池内浮游藻类的数量在适宜的范围。一般透明度维持在35～50cm，小于 35cm 时，要换水稀释；当透明度增大到 45cm 时，则需施肥。控制水位及正常盐度。培养过程中，水位应维持在 80～100cm，同时保持培养池内池水的盐度相对稳定，尤其是在夏天暴雨及持续高温晴朗天气时。经常检查桡足类的生长繁殖及数量变动情况，防止溶解氧的缺乏。注意通过调节水质、水色来预防培养池中溶解氧的缺乏，有条件的可开动小功率的增氧设备。

（5）捕捞　经过 30d 左右的培养，土池中的桡足类数量达到一定密度，可用网眼孔径为 $100\sim150\mu m$ 的抄网捞取，也可结合换水时的排水通过过滤采集。

# 四、桡足类的营养

## 1. 桡足类的基本生化组分

浮游桡足类的水分含量在82%～84%，干物质中有机物占 70%～98%，能量含量在 9～31J/mg（DW）。浮游桡足类的哲水蚤类，碳的含量为 40%～46%（DW），寒带种类的碳含量一般高于温带、亚热带和热带的种类，碳/氮（C/N）比在 3～4，氢含量比较低，一般是 3%～10%（DW）。磷的含量很少超过 1%。

## 2. 蛋白质营养

桡足类具有比卤虫和轮虫高的营养价值，首先是因为其含有高含量和高质量的蛋白质，一般其蛋白质含量是 40%～52%（DW），有的种类可以达到 70%～80%（DW），如角突猛水蚤（*Tisbe holothuriae*）的蛋白质含量为 71%。桡足类的氨基酸组成和营养也比卤虫的营养价值高（必需氨基酸含量相对较高，可用每种氨基酸重/总氨基酸重计算），除了含有较低含量的蛋氨酸和组氨酸以外，其游离氨基酸的含量也较高。

### 3. 脂类营养及强化

#### 1）脂类含量和组成

海水浮游桡足类的脂类含量，根据其分布纬度、季节和食物丰度有巨大的变化，为 2%～73%（DW）。一般在低纬度和中纬度的桡足类，其脂肪含量较低，为 8%～12%（DW）。如长江河口的背针胸刺水蚤（*Centropages dorsispinatus*）的脂类含量在 6.29%～11.78%。高纬度地区的种类脂肪含量较高，如在南纬 50—60°地区，水深范围为 0～600m 的浮游哲水蚤类的脂肪含量为 20%～30%（DW），西北太平洋的哲水蚤类，其脂肪含量为 30%～75%（DW）。

桡足类幼体阶段的脂类含量一般以新孵化出的无节幼体的较高，这是由于新孵化的无节幼体还有残余的脂类储存。随后脂类的储存被很快利用，脂类水平下降，直到桡足幼体，在无节幼体发育到桡足幼体阶段，桡足幼体的主要脂类是磷脂和甘油三酯。

桡足幼体以后的发育，需要储存脂类（中性脂），以维持其生殖和渡过不良季节。储存脂类一般有 2 种：蜡脂（wax esters）和甘油三酯。蜡脂的储存是为了应付长时期（4～8 个月）的不良环境，如高纬度桡足类种类，长时间处于低温环境，食物缺乏，如上述西北太平洋的哲水蚤类的蜡脂含量可占总脂肪含量的 80%以上。桡足类产生滞育卵前，储存了大量的蜡脂。甘油三酯的储存主要是为了应付短时期内的能量需求。不同种类的桡足类其卵的储存脂肪类型也不同，大部分哲水蚤的卵是储存甘油三酯，也有储存蜡脂的卵。

#### 2）桡足类脂类的脂肪酸组成和营养

（1）桡足类的脂类和脂肪酸组成特点　桡足类的中性脂肪主要是蜡脂和甘油三酯。蜡脂的脂肪酸组成以含有极高含量的 C20：1n-9 和 C22：1n-11 为特征，还含有高含量的 EPA、DHA 和 C18：4。甘油三酯主要以 C16：0、C16：1、C18：1、EPA 等为主要脂肪酸。桡足类磷脂常含有高含量的 n-3 高不饱和脂肪酸，EPA 和 DHA 的含量常占总脂肪酸相对含量的 50%以上，且 DHA 含量高于 EPA，而一些脂肪酸如 C14：0、C20：1 和 C22：1 的含量极低。

（2）桡足类无节幼体的脂类和脂肪酸组成特点　桡足类无节幼体阶段的主要脂类是磷脂和甘油三酯，磷脂的含量占总脂肪含量的 50%左右，其磷脂中同样具有高含量的高不饱和脂肪酸（特别是 DHA）。桡足类无节幼体的这种具有高含量的 DHA 的情况与强化卤虫的情况大不相同。前者主要是存在于膜脂（磷脂）中，后者主要是在中性脂肪中（McEvoy et al，1998）。

（3）桡足类脂类和脂肪酸的营养强化　饵料对桡足类脂肪酸组成会产生一定的影响，但对不同的种类,饵料产生的影响程度是不同的.现已证实,哲水蚤的脂肪酸组成受饵料脂肪酸组成的影响比较大,而且随着其不同阶段而有所变化。比如,对于汤氏纺锤水蚤的试验发现,用等鞭金藻投喂桡足类成体,新孵出的无节幼体的 DHA/EPA 的比值最高,为 4.5,而投喂红胞藻为 2.0。这是因为等鞭金藻中,DHA 的含量明显高于 EPA。在无节幼体的发育过程中,桡足类脂肪酸组成的变化趋势也与饵料脂肪酸组成的变化趋势类似。

因此,对于哲水蚤类,可以根据这种特性,对无节幼体的脂肪酸进行营养强化,调整各种脂肪酸的比例。如 Payne 和 Rippingale(2001)用球等鞭金藻对一种哲水蚤(*Gladioferens imparipes*)无节幼体进行 6h 的培养,DHA 所占比例从 6.9% 增加到 9.1%,DHA/EPA 由 4.9 增加到 7.0;用球等鞭金藻和微绿球藻的混合液培养 6h,DHA 从 6.9% 增加到 10.1%,EPA 从 1.4% 增加到 2.8%,DHA/EPA 的比例,从 4.9 降低到 3.6。所以,如果将哲水蚤类用于鱼、虾开口阶段的生物饵料,可以根据鱼、虾幼体对高不饱和脂肪酸的需求特点,用不同的微藻混合培养,以获得适宜的高不饱和脂肪酸的配比(比如 DHA∶EPA)和适宜的高不饱和脂肪酸含量。

猛水蚤类的脂肪酸组成受到饵料脂肪酸组成的影响比较小,这是因为猛水蚤类具有将 C18∶3 合成 n-3 高不饱和脂肪酸的能力(Norsker and Stottrup,1994;Nanton and Castell 1999),所以无论在何种条件下培养的桡足类,其脂类的 DHA 含量至少在 7% 以上,这种 DHA 的水平都高于不同强化方法下卤虫无节幼体的 DHA 含量(3%~5%)(Evjemo et al,1997;McEvoy et al,1998)。

尽管猛水蚤的 n-3 高不饱和脂肪酸合成能力比较强,使它在不同饵料下维持较高含量的 n-3 高不饱和脂肪酸,但饵料中 n-3 高不饱和脂肪酸还是对猛水蚤的脂肪酸产生一定的影响,如日本虎斑猛水蚤用 n-3 高不饱和脂肪酸含量高的油脂酵母培养,其 EPA 和 DHA 的含量都高于面包酵母(几乎不含有 n-3 高不饱和脂肪酸),从而对鱼、虾幼体产生影响。如用上述 2 种饵料培养的日本虎斑猛水蚤培育黄盖鲽(*Limanada yokohsmsr*)幼体 23d,油脂酵母组桡足类饲养的黄盖鲽幼体成活率略有提高,幼体体重也显著高于面包酵母组(平均高 12mg 左右)。不同藻类对猛水蚤的脂肪酸组成也有一定影响。因此,为获得营养良好的猛水蚤饵料,在可能的条件下,还是应注意投喂食物的脂肪酸组成。

此外,温度也在一定程度上影响猛水蚤类的脂类和脂肪酸组成。如 Nanton 和 Castell(1999)在不同温度下用相同的饵料球等鞭金藻投喂 2 种猛水蚤,分别是阿玛猛水蚤(*Amonardia* sp.)和日角猛水蚤(*Tisbe* sp.),其 n-3 高不饱和脂肪酸含量在不同温度下由高到低分别是:6℃、20℃、15℃(阿玛猛水蚤在上述温度的含量是 31%、26%、16%,日角猛水蚤的含量是 45.5%、39.5%、26.5%)。在较低的温度下,具有含量较高的 n-3 高不饱和脂肪酸,这与在较低温度下稳定膜的流动性有关。随着温度的升高,其不饱和度降低,随后又有升高的趋势,这种情况的可能解释是:随着温度的进一步升高,桡足类的代谢加快,利用中性脂的速度加快,所以以致使磷脂在总脂肪中的比值有所升高。

### 4. 其他营养物质

(1)维生素 桡足类,特别是杂食性和植食性的种类,都有高含量的维生素 C。据报道，克氏纺锤水蚤和长角宽水蚤的维生素 C 含量在 $201\sim235\mu g/g$。

（2）类胡萝卜素　桡足类的类胡萝卜素主要是虾青素，其含量从痕量到 $1\,133\mu g/g$（WW）不等。长角宽水蚤具有高含量的叶黄素，其含量是虾青素的 4 倍以上，这些类胡萝卜素在卤虫中还没有监测到。

（3）酶类　桡足类中的蛋白酶、淀粉酶、酯酶等的水平都比较高。

# 第四节　卤虫的培养

## 一、卤虫培养概述

卤虫俗称丰年虫、丰年虾、盐虫子、卤虾等，属节肢动物门、甲壳纲、鳃足亚纲、无甲目、卤虫科。林奈最早定卤虫名为 *Concer salinus*。1819 年，Leach 把它改为 *Artemia salina*。考虑到原采自英国利明顿的盐池已干涸，不宜沿用 *salina* 这一种名。Barigozzi（1980）在第一届国际卤虫学术研讨会上建议，卤虫学名后加采集地名为标记，如在天津塘沽所采卤虫为 *Artemia parthenogenetica* of Tianjing 或 *Artemia parthenogenetica* of Tanggu。将卤虫按照生殖类型分为孤雌生殖和有性生殖两类，有性生殖以是否有生殖隔离来确定种别，目前已确定两性生殖的有 6 个种。卤虫主要生活在盐田、盐湖的高盐卤水中，是一种世界性分布的小型甲壳类。

1775 年 Schlosser 首次在英国利明顿的盐池中采到卤虫，并绘制成图，描述有 11 对胸足。1785 年林奈对轮虫形态又做描述，将 11 对胸足改为 10 对。直到 1936 年奥都才重新证实 Schlosser 的观察。到了 19 世纪 30 年代，美国的 Seale、挪威的 Rollefsen 先后报道了卤虫初孵幼虫作为幼鱼的活饵料具有重要价值。我国对卤虫的研究始于 20 世纪 50 年代后期。近些年研究的热点为：①卤虫卵的采收、加工、储存以及卤虫卵的孵化、去壳原理、操作技术和流程工艺；②对不同国家和不同地理卤虫品系评述以及饵料饲养效果，包括卤虫的生长和饵料转换率；③提出强化卤虫营养在水产动物养殖中应用的价值；④在实验室条件下，人工控制卤虫产卵，深入研究卤虫生殖的机理问题；⑤以低值的饵料批量和连续性地集约化养殖卤虫，应用于水产动物养殖生产；⑥卤虫在废盐田和土池施肥增养殖的研究以及筛选卤虫优良品种、品系进行移植和大量培养；⑦引种卤虫至盐田、盐池，从而提高盐的质量和产量。

## 二、卤虫资源及其生物学

到目前为止，世界上约有 40 个国家已报道有卤虫分布，并已查明有 50 多个卤虫地理品系。我国是世界最大的卤虫资源国之一，主要分布在沿海地区盐田的内陆咸水湖，在辽宁、河北、山东分布点达 20 多处，另外，江苏的射阳、新疆的艾比湖、青海的柯柯湖等均有分布。新疆的卤虫资源量很大,正处于开发利用中。任慕莲等评估我国西北内陆(新疆、青海、内蒙古)主要盐水湖卤虫资源量在40 000t/a以上,卤虫卵的资源量在351～614t/a。其中以新疆的艾比湖最大,在200～400t/a,其次为青海尕海盐湖,为80～100t/a。

### 1. 卤虫的形态

卤虫成体的身体细长,分节明显,无头胸甲,分头、胸、腹(含尾叉)3部分。生活在低盐水域呈灰褐色,生活在高盐水域呈血红色。成体长度一般在7～15mm,低盐个体长于高盐个体。头部前端中央具单眼,两侧为相对称的复眼,等长的眼柄向两侧延伸。额部背面中央有一小突起,称额器,具感觉功能。

头部有5对附肢:第一触角、第二触角、大额、第一小额、第二小额。第一触角棒状,不分节,末端具感觉刚毛;第二触角位于第一触角的下方,又称下触角,形态变化很大,是区分雌雄的依据。雌性比较简单,雄性变成强大的执握器。下触角的末节,有大而扁平的附器。大额、第一小额、第二小额组成口器,用以咀嚼食物。

胸部11节,胸肢11对,为叶片状,在生殖孔前方。胸肢由内叶、外叶和扇叶组成。胸肢基部有一片外叶,在扇叶和外叶之间,有一柔软的小片为鳃,行呼吸作用,因此,胸肢有游泳、呼吸和滤食的功能。

腹部由8节组成,不具附肢,前2节愈合成生殖节,雄性在其腹面为成对的交接器;雌性腹面形成育卵囊,卵在育卵囊孵化排放,其末端有开口,腹部末节为尾节,其末端有2个扁平的尾叉;尾叉大小和刚毛数随生活水域盐度的增高而相应变小。

### 2. 卤虫的发育及生活史

卤虫的发育过程有变态,历经卵、无节幼体、后无节幼体、拟成虫幼体和成虫等阶段。

卵(夏卵或经滞育终止处理的冬卵)孵化成1龄无节幼体,体长0.4～0.5mm,体内充满卵黄,具第一触角、第二触角和大额3对附肢,以后每蜕一次皮增长1龄,称后无节幼体,开始吸收外源性营养。经4次蜕皮后变态成拟成虫幼体,再经10次左右蜕皮变态为成虫。性成熟的卤虫在环境条件适宜的情况下,一般每隔3～5d产卵1次,产卵量一般为80～150个。成虫每产1次卵,蜕皮1次。寿命一般为2～3个月,可产卵10次左右。

### 3. 卤虫的生殖习性

(1)卤虫的生殖类型  卤虫的生殖类型分为有性生殖和无性生殖2种,或称两性生殖和孤雌生殖。

(2)卤虫的生殖方式  根据卤虫产生休眠卵和非休眠卵的生殖特性,把卤虫繁殖方式分为卵生和卵胎生,卵胎生的卵在孵育囊中直接发育成无节幼体产出体外。卵生又分2种情况:夏卵和冬卵。夏卵也称非滞育卵,胚胎发育过程中无滞育阶段,卵外无厚壳,在适宜条件下无需特殊处理,24h即能发育为无节幼体。冬卵也叫滞育卵、休眠卵,卵外有厚的棕色硬壳，胚胎发育过程中有滞育现象，需特殊的滞育终止处理才能发育为无节幼体。

#### 4. 卤虫的摄食习性

卤虫为典型的滤食性生物，也具有刮食特点。所滤食饵料颗粒大小在 $5\sim50\mu m$，但以 $10\mu m$ 以下的饵料颗粒较为适宜。

卤虫对食物无选择性。天然环境中的单胞藻、细菌、有机碎屑等均可作为食物。海洋酵母和食用酵母，甚至是水面的饵料絮团都是其可食饵料。

#### 5. 卤虫对生态条件的适应

（1）温度 耐温较广，可在 $5\sim35℃$ 下正常生存，部分种最低达 $-3℃$，最高达 $42℃$，$25\sim30℃$ 为最适温度，低于 $10℃$ 生长繁殖缓慢，$0\sim5℃$ 时，无节幼体不变态。卤虫卵可在 $-25℃$ 储存，孵化温度为 $10\sim35℃$，以 $25\sim30℃$ 为合适的孵化温度。

（2）盐度 卤虫为广盐性生物，幼虫为 $20\sim100$，成虫为 $10\sim120$，在盐度为 340 的饱和食盐水中也发现卤虫的存在，但个体偏小，体色发红，只具有生存能力，失去正常的调节代谢功能。低盐生活环境下的卤虫个体偏大、体色为灰白色或浅褐色，产出的卵漂浮于水面，也呈灰褐色。高盐水体敌害生物少，个体偏小，体色发红，量大。

（3）水中的离子浓度 卤虫栖息的水域按离子种类可分氯化钠型（沿海盐田）、硫酸盐型（新疆艾比湖）、碳酸盐型（美国的莫诺湖）和钾盐型（美国尼布拉斯加盐湖）。卤虫对水质中各种离子的浓度也有一定忍耐度。一般海水 $Na^+$ 与 $K^+$ 的比值为 28，卤虫可耐受 $8\sim173$；海水中 $Cl^-$ 与 $SO_3^{2-}$ 比值为 137，卤虫可耐受 $101\sim810$；海水中 $Cl^-$ 与 $SO_4^{2-}$ 比值为 7，卤虫可耐受 $0.5\sim90.0$。

（4）溶解氧 耐低氧，最低溶氧量为 $1mg/L$，也可生存在溶解氧过饱和的水体。但若要保持和稳定卤虫卵的孵化速度，溶氧量应保持在 $2\sim8mg/L$，否则会降低孵化率。

（5）pH 适于中性和偏碱性水体，幼虫和成虫适宜范围为 $7.5\sim8.6$，孵化过程中若低于 8 或超过 9，孵化率有明显降低。

#### 6. 卤虫休眠卵的形态和生理特征

浅凹球形，卵壳起保护作用，既可使胚胎免受机械压力，也可防紫外线辐射，并抗腐蚀。一般为灰白色或褐色。其胚胎在原肠胚阶段约有 4 000 个细胞。

根据生理特征的不同,可分为有根本区别的两种休眠状态:一是内源性、生理性或结构性机制引起的发育暂时停止,称为滞育,只有通过激活才能恢复发育。另一种是静止卵,特指由于外界不良环境条件所导致的低代谢水平的状态,一旦环境条件改善即可发育。

# 三、卤虫的采收、加工和孵化

### 1. 采收

深秋以后,水温下降,或暴雨之后,盐度下降,或其他水环境条件的剧烈变化,均能促使卤虫产生休眠卵。当水中有大量休眠卵出现时，应及时进行采收。虫卵沿着池边水的表层漂浮呈带状，可在下风口用带柄的小抄网捞取，风浪把虫卵冲上池岸，堆积在岸边，则可用小铲收集，采收的虫卵装入袋中。采收回来后，应在当天进行处理，如果不是当天处理，则应把虫卵铺成薄层，切忌将潮湿的虫卵堆积在一起，防止因温度升高伤害卵内胚胎。当出现较大降水时，雨水可将平时被冲到岸上、与尘土相混的卤虫卵从岸上冲到邻近的高盐水体中，这是捕捞卤虫卵的大好时机，可抓紧捕捞，并及时进行脱水等加工处理，以防止其吸水、孵化，失去使用价值。

## 2. 加工

采收回来的卤虫卵，有部分是卵壳破裂、胚胎已死亡的坏卵，还混有羽毛、杂草、卤虫成体、泥、沙和有机碎屑等杂质。因此，必须进行净化处理，清除坏卵和杂质。常用的方法是相对密度分离法。

首先用粗网目的胶丝网布滤去杂草、羽毛、沙砾和昆虫等较大型的杂质，然后把卵放入配有饱和食盐水的桶形容器中，充气，洗去卵表面污垢，停气后，使相对密度大的杂质沉落在容器底部，卵则漂浮在表层，再用网目为 $150\sim200\mu m$ 的筛绢把卵捞出，放在海水中冲洗后转放入盛有淡水的桶形容器中，相对密度小的坏卵和一些微小杂质则浮在水面，质量好的卵则沉于水底，把沉底的好卵放出。淡水处理时间不应超过 20min，以免卵子吸水过多而启动孵化活动。可用风干法，或放在 $35\sim38℃$ 烘箱，或其他干燥器中干燥。有条件的最好用真空干燥和气流干燥。干燥后的休眠卵可进一步加工储存。

## 3. 储存

经处理后的休眠卵需经过加工储存，方法主要有以下几种。

（1）饱和食盐水储存　休眠卵用饱和食盐水脱水后，再储存于饱和食盐水中。

（2）真空干燥储存　以减少氧气和水分的存在，扼制胚胎的活跃。可制成真空或充氮的密封罐，装罐储存。

（3）冷冻储存　将经干燥或浸泡在饱和食盐水中的休眠卵放于冷库或其他低温处，使温度保持在 $-20\sim-5℃$ 范围内储存。完全吸水的卵也可在 $-18℃$ 的冷库中储存。

为了提高休眠卵的孵化率，采收后的卤虫卵可经过低温（$-18℃$ 以下）一段时间，然后保存在密封、真空、避光、低温（$-18.5℃$）、干燥条件下，以保证卵处于完全休眠状态，其质量在 5 年内变化不大。但在卵孵化前必须在室温下（22℃）放置 1 周。有的将卵放入饱和食盐水（卤水）中，置于温度为 $-25℃$ 的冷库中冷冻 $1\sim2$ 个月，再在室温下放置 1 周后使用（或继续干燥保存）。也有的用 3% 的双氧水处理，每升双氧水加 $10\sim20g$ 卵，充气浸泡 30min，再用清水洗净后可直接用于孵化。

## 4. 卤虫卵的质量判别

卤虫的质量可从卵的外观质量、孵化性能及营养价值 3 个方面进行判定，下面主要对前 2 个方面进行介绍。

**1）外观质量的判别**

（1）色泽与气味　打开包装，注意有无异味散出。一般有虾腥味为正常卵，有刺鼻的腥臭味应视为潮湿发霉卵。观察卵的颜色，以棕褐色、有光泽为最好。

（2）泥沙含量　用烧杯或饮水用透明玻璃杯取清水一杯，放少许卤虫卵，立即观察卵子的沉浮状态和水的浑浊度。若水变浑浊，则含土量大；若颗粒下沉快，大小不均，则视为含泥沙杂质。

（3）破壳与碎壳　随机取卵 10 粒，放在透明玻璃片上，用手指压破卵壳，无液体流出者，应视为干瘪不孵化卵。也可用 2 块载玻片挤压卵子，计数碎卵后油滴溢出的数量，以确定好、坏卵的比例。

（4）空壳率　用次氯酸钠溶壳法，统计去壳前后有壳卵和去壳卵的数量，来计算空壳率。

（5）含水率　用手取少许紧握，若成团而不散则视为湿卵；不成团而顺手指缝流下则视为干卵。也可通过虫卵的凹陷程度和烘箱 60℃烘干到恒重测量。

（6）大小判别　有两种方法，一是在显微镜下测量完全吸水的卤虫卵的卵径，二是测量每克干卤虫卵中含有的卵粒数。

（7）细菌含量　采用一般微生物方法测定细菌含量。

**2）孵化性能的判别**

（1）孵化率　即孵化百分率或孵化百分比，指每百粒卤虫卵（不包括空壳）能够孵化出的无节幼体的只数。孵化率越高说明卤虫卵的质量越高。卤虫孵化率和不同国家以及同一国家不同地理品系的卵质有关，也与采收、加工、储存和孵化技术条件有关。

（2）孵化效率　指每克卤虫卵能够孵化出无节幼体的只数。用这种方法能反映出卤虫卵的质量和孵化能力。卤虫卵的质量包括卵的纯度。

（3）孵化产量　指每克虫卵能够孵化出的无节幼体的总干重。用这种方法不但能反映水分、杂质的含量，还排除了无节幼体大小对其产生的影响。

（4）孵化速度　指从卤虫卵放入海水到无节幼体孵化所需的时间。

# 四、卤虫卵的孵化

## 1. 卤虫卵孵化过程中形态及生理的变化

干燥的卤虫卵为双面凹或单面凹的球形，有强烈的吸湿性，放入海水后，向下凹的卵开始吸水，在 1～2h 后涨大成圆球形，一般 4h 后达到充分吸水。充分吸水后，加上足够的光照，卤虫卵内的胚胎开始有生理代谢，15～20h 后，卵的外壳及外表皮破裂，此时称为破壳期，破壳前的生理活动主要是卵内的海藻糖分解成甘油而后甘油吸水。因此，即使把卤虫卵放在淡水中，也能达到破壳期。达到破壳期的卵内胚胎被一层孵化膜包围，之后胚胎完全离开外壳，吊挂在卵壳的下方，有时仍有部分孵化膜与卵壳连在一起，此期称为伞期或灯笼幼体期。孵化膜内的无节幼体称为膜内无节幼体，膜内无节幼体摆动其附肢而使孵化膜破裂。在孵化膜破裂之前，胚胎已发育成会游动的无节幼体，在无节幼体的头部能分泌孵化酶，使孵化膜溶解，以头向下的方式游出。

### 2. 卤虫卵的孵化方法

#### 1）卤虫卵的孵化容器

一般的孵化容器都可以用来孵化卤虫休眠卵。尤以底部为锥形漏斗状的水槽或小水泥池为好。在这种容器中孵化，容器底部放一气石，充气后不易形成死角，虫卵在容器内上下翻滚，始终保持悬浮状态，不会堆积在一起而影响孵化效果。

#### 2）卤虫卵孵化的生态要求

（1）温度　卤虫卵在7～30℃的范围内均可孵化，随温度的升高，孵化速度加快。大多数卤虫卵孵化的最适温度为25～30℃。

（2）盐度　一般来讲，卤虫卵的可孵化盐度为5～140，盐度影响卤虫卵孵化的速度和孵化后卤虫无节幼体的能量。生产上一般取低盐度（10～20）进行孵化。

（3）pH　卤虫卵孵化的最适pH为8～9。为了维持孵化过程中pH的稳定，可在每升孵化水中加入1g碳酸氢钠或65mg氧化钙。

（4）溶解氧　卤虫卵孵化对溶解氧的需求不高，但在实际的孵化过程中，通常需给予不间断充气。这样做的目的除了供给孵化所需的氧气外，更重要的是防止卤虫卵沉底堆积，保持卵在水层中呈悬浮状态，使虫卵都有机会漂浮到水表层接受光照。

（5）光照强度　一般认为，水表面连续进行2 000lx的光照强度可以获得好的孵化效果。

#### 3）卤虫卵的孵化流程

卤虫卵的孵化流程一般包括以下步骤。

（1）准备工作　包括孵化容器的安装、消毒及孵化用水的准备。

（2）卤虫卵的清洗、浸泡与消毒　将卤虫卵装入150目的筛绢袋中，在自来水中充分搓洗，直至搓洗后的水较为澄清。然后将虫卵在洁净的淡水中浸泡1h。最好将浸泡后的卤虫卵进行消毒。常用的卤虫卵的消毒方法有：用200mg/L的有效氯或甲醛浸泡30min，再用海水冲洗至无味；用300mg/L的高锰酸钾溶液浸泡5min，用海水冲洗至流出的海水无色。

（3）卤虫卵的孵化　把消毒好的虫卵放入孵化容器，控制各孵化参数。为了取得较好的孵化效果，虫卵的孵化密度应小于2g/L，即每升水体中卤虫卵不超过2g，同时控温、控光、控气及控pH。

（4）幼体适时采收分离　过早地分离采收会影响卤虫卵的孵化率，过迟则会影响卤虫幼体的营养价值和活力。

### 3. 卤虫初孵无节幼体的分离

卤虫无节幼体的分离通常采用静置和光诱相结合的方法。当虫卵的孵化完成后，停止充气，并在孵化容器顶端蒙上黑布，静置10min。在黑暗环境中，未孵化卵最先沉入池底，并聚集在容器的锥形底端，而卵壳则漂浮在水体表层。初孵无节幼体因运动能力弱，在黑暗中因重力作用大多聚集在水体的中、下层。缓慢打开孵化容器底端的出水阀门，将最先流出的未孵化卵排掉，在出水口套上120目的筛绢网袋，收集无节幼体。当容器中液面降到锥形底部，取走筛绢网袋，将卵壳排掉。

将筛绢袋中的无节幼体转移到装有干净海水的分离水槽中，利用无节幼体的趋光性，进一步做光诱分离，得到较为纯净的卤虫无节幼体。

# 参 考 文 献

成永旭，王武，吴嘉敏，等.2000.虾蟹类幼体的脂类需求及脂类与发育的关系.中国水产科学（7）：52-57.

成永旭.2008.生物饲料培养学.北京：中国农业出版社.

张利民，常建波，张秀珍，等.1997.n-3多价不饱和脂肪酸营养强化轮虫技术研究.水产科学，21（4）：415-421.

郑重，李少菁，许振祖.1984.海洋浮游生物学.北京：海洋出版社.

Barigozzi C. 1980. Genus *Artemia*：Problems of systematics//Persoone G，Sorgeloos P，Roels O，et al. The brine shrimp *Artemia* Vol 1. Wetteren，Belgium：Universa Press：147-153.

Dhert P，Rombaut G，Suantika G，et al. 2001. Advancement of rotifer culture and manipulation techniques in Europe. Aquaculture，200：129-146.

Evjem J O，Coutteau P，Olsen Y，et al. 1997. The stability of docosahexaenoic acids in enriched Artemia species following enrichment and subsequent starvation. Aquaculture，155：135-137.

Hirata H. 1980. Culture methods of the marine rotifer，*Brachionus plicatilis*. Mem Rev Data File Fish Res，1：27-46.

McEvoy L A，Naess T，Bell J G，et al. 1998. Lipid and fatty acid composition of normal and malpigmented Atlantic halibut（*Hippoglossus hippoglossus*）fed enriched Artemia：a comparison with fry fed wild copepods. Aquaculture，163：237-250.

Nanton D A，Castell J D. 1999. The effects of temperature and dietary fatty acid composition of harpacticoid copepods，for use as a live food for marine fish larvae. Aquaculture，175：167-181.

Norsker N H，Støttrup J G. 1994. The importance of dietary HUFAs for fecundity and HUFA content in the harpacticoid，*Tisbe holothuriae* Humes. Aquaculture，125（1-2）：155-166.

Oie G，Makridis P，Reitan K I，et al. 1997. Protein and carbon utilization of rotifers（*Brachiionus plicatilis*）. Aquaculture，153：103-122.

Payne M F，Rippingale R J. 2001. Effects of salinity，cold storage and enrichment on the calanoid copepod *Gladioferens imparipes*. Aquaculture，201（3-4）：251-262.

Rodríguez C, Pérez J A, Izquierdo M S, et al. 1996. Improvement of the nutritional value of rotifers by varying the type and concentration of oil and the enrichment period. Aquaculture, 147 (1-2): 93-105.

Stottrup J G, McEvoy L A. 1998. Live feeds in marine aquaculture. Oxford, UK: Blackwell Science.

Watanabe T, Ohta M, Kitajima C, et al. 1982. Improvement of dietary value of brine shrimp *Artemia salina* for fish larvae by feeding them omega 3 highly unsaturated fatty acids. Bulletin of the Japanese Society of Scientific Fisheries. Nippon Suisan Gakkaishi, 48 (12): 1775-1782.

# 第六章
# 黄尾鲕的饲料选配

# 第一节　人工饲料

饲料是保证鱼类正常生长的物质基础，饲料营养成分的比例、饲料的性状、物理品质的好坏直接影响鱼类生长的快慢。鱼类在不同生长环境、不同生长阶段、不同健康状况下对饲料的要求不同，应根据生产实际情况，及时对饲料进行调整、更换才能取得更好的经济效益（张岩等，2005）。

配合饲料是根据鱼类营养需求选用若干种原料和添加剂，经混合和机械加工而成的人工饲料。配合饲料的适口性、品质及利用率、蛋白质可消化率和淀粉胶质化程度提高，并破坏了一些原料中的生理有害物质。

配合饲料的配方主要是依据养殖对象对蛋白质、脂肪、碳水化合物、维生素、矿物质等主要营养物质的需求而进行调控的。

## 一、配合饲料的主要营养物质

### 1. 蛋白质

一般鱼类对蛋白质的需求量较高，占饲料的 35%～55%。这是由于鱼类利用碳水化合物作为能源的能力较差，需利用部分蛋白质作为能量来源。如饲料中蛋白质含量偏低，会引起鱼类生长缓慢甚至减重。在生产中使用营养完全的优质饲料时，通常每 500g 饲料蛋白质可得约 1kg 鱼产品。精氨酸、组氨酸、亮氨酸、异亮氨酸、蛋氨酸、赖氨酸、苯丙氨酸、苏氨酸、色氨酸和缬氨酸是鱼类的必需氨基酸，如缺乏或不平衡将影响鱼类生长，甚至导致致病。蛋氨酸、赖氨酸和精氨酸在许多饲料特别是植物性饲料中含量不足，往往成为鱼类生长的限制性因素。蛋氨酸可部分由胱氨酸代替；酪氨酸对苯丙氨酸也有同样的节约效果。

### 2. 脂肪

鱼类对脂肪有很强的利用能力，因此，使用适量脂肪对蛋白质有明显的节约作用。良好饲料的脂肪含量为 4%～18%。某些不饱和脂肪酸是鱼类的必需脂肪酸，饲料中缺乏时会产生营养缺乏症。海水鱼类对必需脂肪酸的需求量较淡水鱼要大。陆生植物油脂能满足淡水鱼类对必需脂肪酸的需求，这是饲养淡水鱼的一个有利条件。脂肪容易氧化，其氧化产物（酮、醛、酸等）对鱼类有毒，长期大量食用会使鱼类肝脏发黄、肌肉萎缩甚至死亡。抗氧化剂和 α-生育酚是常用的抗氧化物质。

### 3. 碳水化合物

由于鱼类利用碳水化合物作为能源的能力较差，含量过高会导致脂肪肝和其他肝脏病变，因此，在饲料中的含量应有一定的限制。含碳水化合物饲料的形式及其加工的方法和程度也制约着鱼类对它的利用率。许多鱼类很难消化纤维素，但配合饲料中有适量的纤维素，则有助于消化道的蠕动，提高蛋白质的利用率。

### 4. 维生素

鱼类如长期缺乏维生素会影响生长发育，产生多种缺乏症，严重时会导致死亡。绝大多数水溶性维生素是鱼类生长所必需的。脂溶性维生素 E 和维生素 A 对生长发育有促进作用。维生素 D 可促进钙的吸收。许多维生素遇热、氧气和光易遭损失，因此，配方要有一个安全系数。

### 5. 矿物质

鱼类生长发育需要钙、磷、钾、镁、钠、氯、锰、锌、铜、碘、钴、硒、钼等元素，其中钙、磷、镁较为重要。一般鱼类能通过渗透、扩散等作用在水中吸收充足的钙，但吸收磷就困难得多：水中的磷含量常是微量的；鱼粉和动物骨粉中的磷，有相当一部分是不溶于水的磷酸盐，鱼类对它的消化吸收率较低；植物性饲料中存在着不能利用的植酸磷。因此，饲料中添加磷特别重要。磷的适宜添加量大约为饲料的 0.5%，以添加水溶性磷酸盐为佳。

除上述营养成分外，配合饲料中往往还加入一些特殊添加剂，如抗生素、激素、酶制剂、防霉剂、着色剂和引诱剂等。

加工和储存饲料的机械加工是为了改变其物理特性，以提高其适口性和可利用率。饲料的物理特性有时和营养成分同样重要。常见的饲料制形有粉状、面团状、硬粒状、软粒状和膨化饲料等。粉状饲料用于鱼苗和滤食性鱼类的养殖。大多数养殖种类均可用硬颗粒饲料投喂。软颗粒饲料适用于不能摄食硬性饲料的鱼类，如鲈和小白鲑的养殖。膨化饲料的浮性和水稳定性较好，便于掌握投饲量。

饲料的储存通常须有干燥、避光等良好环境。饲料的含水量不得超过 13%，以防止霉变和产生有毒物质。饲料中加入 0.25% 的丙酸或 0.30% 的丙酸钠可防止霉变。饲料保存期以 3 个月为限。否则，一些对氧和光敏感的物质如维生素 C 和维生素 A 很容易损失，也会引起脂肪的氧化。

饲料营养价值的评定主要采用以下一些指标：①饲料系数。指投喂的饲料量和养殖对象的增重之间的比值，扣除饲料中的水分即为干饲料系数。饲料系数的倒数用百分比表示，称饲料效率。②总的饲料转化率。养殖对象增重（以干物质计）和消耗的饲料（干重）之间的比值，用百分数表示。③蛋白质效率。消耗 1 单位饲料蛋白质所得到的养殖对象的增重。④蛋白质利用率。养殖对象体内蛋白质的积累和消耗的饲料蛋白质之间的比值，用百分数表示。⑤能量转化率。养殖对象增重部分所具有的能量和消耗的饲料所具有的能量之间的比值，用百分数表示。⑥特定生长率。指饲养到一定时间的鱼体重量的自然对数值减去放养时体重的自然对数值，再除以饲养天数，用百分数表示。

# 二、饲料的选择

①要适应不同生长时期所需营养成分，并含有适量的维生素、矿物质等。②所用饲料容易投喂。③饲料在水中散失少。④饲料价格适当，饲养者可以接受（谢忠明，1999）。

# 三、常用配合饲料的原料

饲料原料种类很多，考虑到原料的有效性和易得性，在黄尾鲕配合饲料中使用的原料主要有鱼粉、油脂、全脂大豆粉、花生粕、小麦胚粉、饲料酵母、沸石粉等（连建华，2000）。

## 1. 饲料成分

黄尾鲕配合饲料的蛋白质和脂肪含量分别在 46%～67% 和 8%～23%，糖含量变化很大；配合饲料主要有半湿性、干性和冰冻鲜杂鱼（掺加干粉和添加剂），以半湿性颗粒饲料为好（王吉桥等，2006）。

## 2. 饲料配方

根据生产中的养殖饲喂经验和黄尾鲕的营养特点，介绍几个配方如下。

以配合饲料中蛋白质要求为 44%，脂肪要求为 8%，粗纤维要求为 2% 为例，可选用的材料有鱼糜（含蛋白质 25%、脂肪 4%、粗纤维 0.4%）、鱼粉（含蛋白质 55%、脂肪 8%、粗纤维 0.8%）、豆饼（含蛋白质 40%、脂肪 5%、粗纤维 5%）、花生饼（含蛋白质 44%、脂肪 7%、粗纤维 6%）、次粉（含蛋白质 13%、脂肪 2%、粗纤维 3%）、麦麸（含蛋白质 15%、脂肪 4%、粗纤维 9%）、酵母粉（含蛋白质 52%、脂肪 0.4%、粗纤维 0.6%）、豆油、鱼油等。

养殖者可用视差法选用一些原料达到配方要求，如用鱼粉（60%）、豆饼（10%）、花生饼（8%）、次粉（10%）、麦麸（2%）、酵母粉（4%）、鱼油（2%）、维生素（2%）、矿物质（2%），可使配合饲料中蛋白质含量为 44.120%、脂肪含量为 8.156%、粗纤维含量为 1.964%，接近配方要求。根据养殖季节、鱼体大小、饲料原料等条件，养殖生产者再做细微调整，便可以应用于饲料制作。

**3. 饲料配方在生产中的应用实例**

下面选取了几个饲料配方在生产中的应用，供养殖者参考。

①鱼粉 40％、豆饼 18％、花生饼 16％、小麦粉 12％、麦麸 4％、酵母粉 4％、磷酸二氢钠 0.5％、微量元素 1％、维生素 0.5％、鱼油 4％。

②鱼粉 44％、豆饼 20％、面粉 15％、虾粉 4％、酵母粉 3％、玉米粉 2％、海藻粉 2％、鱼肝油 2％、添加剂 2％、鲜杂鱼 6％。

③鱼粉 50％、豆粉 22％、甲壳质 2％、蔗糖 1％、维生素粉 2％、微量元素 2％、肉骨粉 6％、鲜杂鱼 10％、α-淀粉 5％。

④粉末饲料 50％、鲜杂鱼 46％、微量元素 1％、维生素 1％、鱼油 2％。

目前，黄尾鲕饲料多为颗粒状，有沉性软颗粒饲料、浮性膨化饲料、微粒饲料等。

# 第二节　生鲜饲料

## 一、投喂生鲜饲料的优越性

嗜食性强，一般不需要特别驯食就能习惯摄食；投喂生鲜饲料，一般要比投喂其他饲料生长快；生鲜饲料一般不需要加工，可直接投喂，使沿海盛产的大量低值小杂鱼、虾能得到充分有效利用，转换为高级鱼肉产品，提高了经济效益和社会效益。此外，生鲜饲料价格低，能降低养殖的生产成本。

## 二、投喂生鲜饲料应注意的事项

能否及时稳定地供给适合不同生长阶段适口性（大小）要求的生鲜饲料，是采用生鲜饲料投喂的瓶颈。如果生鲜饲料规格过大，须加工成适合黄尾鲕摄食大小的块状、条状。此时，不但需要一定的人力，而且还要考虑到切后投喂的饲料渗出汁液会污染养殖水体；生鲜饲料中含有的蛋白质和脂肪等营养成分季节性变化大，所以需要及时添加维生素和矿物质等；对于生鲜饲料，要有适合冷冻保鲜的有效措施，否则容易氧化变质。如果使用时的解冻方法不合适，也不能保证生鲜饲料的鲜度；向生鲜饲料中添加药物和营养剂较为困难，容易散逸到饲养的水体中，使鱼不能充分摄食。

## 三、常用的几种生鲜饲料

用作黄尾鲕饲料的鲜鱼具有数量大、价格低、营养丰富、可利用部分多、易被消化、不含有对黄尾鲕有害的物质等特点。我国现有的饲料鱼有鳀鱼、玉筋鱼、黄鲫、白姑鱼、叫姑鱼、梅童鱼、鲐鱼、多鳞鳝鱼、鰕虎鱼等。

养殖期间主要饲料为：糠虾、鳀鱼、玉筋鱼、白姑鱼、沙丁鱼等以及配合饲料。一般结合使用，鲜活饲料投喂量占总投饲量的 40％以上。养殖期间主要投喂糠虾和小杂鱼，小杂鱼要根据鱼体的大小确定整个投喂或者切割成小块投喂。投饲要遵循"四定"原则，投饲量为鱼体重的 2％～10％，随着鱼体重增加而减小投喂比例，每天投喂 2 次，分别是 07：00—08：00 和 17：00—18：00。高温季节可以改为每天投喂 1 次或者每 2～3d 投喂 1 次，而且控制在饱食量的 50％～60％。饲料中可以添加适量的维生素 C、维生素 E 和复合维生素类。

### 1. 卤虫和糠虾类

此类生物饵料蛋白质含量高，脂肪含量较低，价格较低，较易获得，最适合投喂体长 3～8cm 的幼鱼。

除南极以外，所有大洲均有卤虫（*Artemia*）属动物分布。卤虫为广盐性生物，在自然条件下，生活于高盐度的盐田和咸水湖中。体色和大小与栖息的水体盐度有密切关系，在高盐度水体中，体呈红色，个体小，随着盐度的下降，体色逐渐变淡，体长逐渐增加。该属动物的生长还与食物和温度有密切关系。在天然水域中，它们以单胞藻类和有机碎屑为主要食物，最适生长温度为 25～30℃。卤虫的卵和幼体富有营养价值，是养殖鱼、虾、贝类幼体的优质饵料，成体作为水产养殖动物饵料也普遍受到重视，不少国家已进行人工培养。干卵及成虫蛋白质含量分别为 57％～60％和 18％，氨基酸、微量元素、维生素、不饱和脂肪酸含量丰富，并含有激素，这些物质均有利于水产动物的生长、发育，并能提高抗病率，促进鱼和虾的成熟，提高产卵率，同时卤虫也是基础理论研究的良好实验动物。

### 2. 鳀鱼

俗名海蜒、离水烂、老雁食、烂船丁、海河、巴鱼食、乾鱼、抽条、黑背鳀。肉质细嫩，富含脂肪，易腐烂。刚捕获上来的鳀鱼，是黄尾鲕很好的饲料，但不容易储存，容易氧化。投喂时必须注意质量，不能长时间投喂，可适当补充 B 族维生素或与其他饲料搭配使用。分布于我国的渤海、黄海和东海以及朝鲜、韩国、日本和太平洋西部。鳀鱼群分布很广，资源丰富，年渔获量可达几十万吨，主要渔场有海洋岛、石岛、闽东和舟外渔场以及济州岛。渔汛期为每年的 6—9 月，俗称"海蜒汛"。在黄海和东海盛渔期是 5—8 月。

鳀鱼体细长，稍侧扁，一般体长 8～12cm，体重 5～15g，口大、下位，吻钝圆，下颌短于上颌，两颌及舌上均有牙。眼大，具脂眼睑。体被薄圆鳞，极易脱落，无侧线。腹部圆，无棱鳞。尾鳍叉形，基部每侧有 2 个大鳞，体背面蓝黑色，体侧有一银灰色纵带，腹部银白色。背鳍、胸鳍及腹鳍浅灰色。臀鳍及尾鳍浅黄灰色。生活于浅海。趋光性强，常环绕光源作回旋游泳。春季沿海岸北上；秋季沿海岸南下，在适宜水温进行产卵、索饵和洄游。

### 3. 玉筋鱼

又称银针鱼，俗称面条鱼，属于鱼纲，玉筋鱼科。玉筋鱼作为饲料与鳀鱼特点相似。体细长，稍扁，成鱼长约 10cm，呈青灰色或乳白色，半透明，口大，有犬齿；背鳍长，无腹鳍。栖息于近海沙底，常潜伏于沙内，以浮游生物为食。分布于北太平洋以及我国渤海、黄海海域，为我国北方重要经济鱼类之一。渔汛期在 5—6 月。表层水温升高后，潜入沙底，捕食停止。每年春天海水温度在 5～9℃时，游向近海产卵，卵沉到水底发育。黄海、渤海渔汛期从 4 月初到 7 月下旬。当秋天水温降到 8℃以下时，游向深海越冬。玉筋鱼味美，产量较高，有一定的经济价值。

### 4. 黄鲫

黄鲫（*Setipinna tenuifilis*）鳞细、头小，可利用部分多，脂肪含量较高，非常适合与粉末料混合绞制成软颗粒饲料，效果极好，且高水温时的使用效果要好于低水温时，应注意储存，避免脂肪氧化。黄鲫分布于印度洋和太平洋西部。我国南海、东海、黄海和渤海均产之。常年可捕获，以春、秋两季为旺汛，产量集中。栖息于 13m 以内水深淤泥底质、水流较缓的浅海区。适宜温度为 5～28℃，肉食性，主要摄食浮游甲壳类，还摄食箭虫、鱼卵、水母等。产卵期南海为 2—4 月，东海以北为 5—6 月。卵浮性、球形。有洄游特性。体扁薄，背缘稍隆起，一般体长 15cm，体重 20～30g。头短小，眼小。吻突出，口裂大而倾斜。上颌稍长于下颌，两颌、犁骨、腭骨和舌上均有细牙，体被薄圆鳞，易脱落，腹缘有棱鳞，无侧线，胸鳍上部有一鳍条延长为丝状，背鳍前方有一小刺，臀鳍长，尾鳍叉形，不与臀鳍相连。吻和头侧中部呈淡黄色，体背是青绿色，体侧为银白色。背鳍、胸鳍和尾鳍均为黄色，臀鳍浅黄色。

### 5. 白姑鱼

地方名有白姑鱼、白姑子、白米子、白眼鱼、白果子、白梅、白花色等。蛋白质含量高，容易储存。低水温时使用效果较好。体呈椭圆形，一般体长 20cm 左右，体重 200～400g，口大，上颌与下颌等长，上颌牙细小，排列成带状向后弯曲，下颌牙 2 行，内侧牙较大、锥形，排列稀疏。额部有 6 个小孔，体被栉鳞，鳞片大而疏松，体侧灰褐色，腹部灰白色。尾鳍楔形，胸鳍及尾鳍均呈淡黄色。白姑鱼分布于印度洋和太平洋西部，我国沿海均产之。主要产地有长江口外海、舟山渔场、连云港外海、鸭绿江口一带及渤海的辽东湾、莱州湾。浙江、江苏等南方沿海海域的渔期汛为 5—6 月，辽宁、山东等北方沿海海域的渔汛期为 8—9 月。

### 6. 鲐鱼

可利用部分多，脂肪、蛋白质含量均较高。其体内含有的秋刀鱼毒素对黄尾鲕生长有一定不良影响，不宜长期大量使用。

鲐鱼（*Pneumatophorus japonicus*）属于鲈形目，鲭科，鲐属。地方名有鲐巴鱼、青花鱼、油胴鱼、鲭鱼、青条鱼等。为海洋洄游性上层鱼类，游泳力强，速度快。分布于北太平洋西部及我国、朝鲜、日本、俄罗斯远东地区，最北可达鄂霍次克海。可分为 2 个地方种群：一个在日本海，另一个在我国黄海和东海，为北太平洋西部主要经济鱼类之一。

体粗壮微扁，呈纺锤形，一般体长 20～40cm，体重 150～400g。头大，前端细尖似圆锥形，眼大位高，口大，上、下颌等长，各具 1 行细牙，犁骨和腭骨有牙。体被细小圆鳞，体背呈青黑色或深蓝色，体两侧胸鳍水平线以上有不规则的深蓝色虫蚀纹。腹部白色而略带黄色。背鳍 2 个，相距较远，第一背鳍鳍棘 9～10 根，第二背鳍和臀鳍相对，其后方上、下各有 5 个小鳍；尾鳍深叉形、基部两侧有 2 个隆起脊；胸鳍浅黑色，臀鳍浅粉红色，其他各鳍为淡黄色。

我国近海均产之，主要产地有海洋岛、连青石、钓鱼岛等，渔汛期一般为 4—7 月和 9—12 月。南海海域全年都可捕捞，为我国重要的经济鱼类之一。此种鱼类分布广、生长快、产量高。每 100g 鱼肉含蛋白质 21.4g、脂肪 7.4g，肉质坚实，除鲜食外还可腌制和做罐头，其肝可提炼鱼肝油。

鲐鱼为远洋、暖水性鱼类，不进入淡水，每年进行远距离洄游。春、夏时多栖息于中、上层，活动在温跃层以上，在生殖季节常结成群到水面活动。适宜捕捞水温在 8～24℃，以 14～16℃时渔获量最高。有趋光性。

卵子发育迅速，在水温为 12℃时约需要 1.6h 孵化，15℃时约需 80h，20℃时约需 50h，但在 10℃时发育不正常。初孵仔鱼全长为 3.25～3.36mm；油球的位置在卵黄囊后端。卵黄囊在第 3 天就接近于吸收完毕。当年生幼鱼生长很快，7 月初在青岛出现的叉长 30～40mm 的幼鱼，10 月能长到 200mm 左右。

**7. 多鳞鱚**

可利用部分多，脂肪、蛋白质含量均较高，不含对黄尾鰤有害的物质，是做饲料的优质鱼，但数量较少。

**8. 鰕虎鱼**

可利用部分多，蛋白质含量高，脂肪含量低，不含不良生长因子，易储存，是良好的饲料鱼。

各种鰕虎鱼组成了分类学上的鰕虎鱼科（Gobiidae），是海水鱼类中最大的一个科，已知有超过 2 000 种。绝大多数体型小，一般小于 10cm。世界上最小的脊椎动物要数 *Trimmatom* 属和 *Pandaka* 属的鰕虎鱼类，它们完全成熟后也小于 1cm。当然，也有些体型较大的鰕虎，比如拟鰕虎鱼属（*Gobioides*）的种类，体长可超过 30cm，但这是少有的例外。

鰕虎鱼身体细长，有 2 条脊鳍。第一条有几根细微的脊骨，头部和两侧有一系列小的感觉器官，尾巴呈圆形，身上都有明亮的色彩。有些种类，如欧洲的水晶鰕虎鱼呈现透明的色彩。

鰕虎鱼类最突出的形态特征就是其腹鳍愈合成一吸盘状。该吸盘的功能与背鳍吸盘和圆鳍鱼科的腹鳍吸盘类似，但在解剖上是十分不同的结构，因此，只是趋同进化的结果。

鰕虎鱼主要生存于浅海环境，包括潮间带水坑、珊瑚礁和海草牧场；它们也大量存在于海水和河口栖息地，包括河流下游、红树林湿地和盐沼地。少数种类（还未完全清楚）可完全适应于淡水环境。其中包括亚洲河流中的吻鰕虎鱼（*Rhinogobius* spp）、澳大利亚沙漠的雷鰕虎鱼（*Redigobius*）以及欧洲的淡水鰕虎（*Padagobius martensii*）（谢忠明等，2004）。

有许多种鰕虎鱼，如产于东太平洋区域的刺鰕虎鱼栖息在沙土的洞穴或者泥泞中，有些还和其他动物住在一起。如加利福尼亚的一种粉红色的小盲鰕虎鱼，就住在某些虾类动物挖掘的洞里，还有一种带有鲜明的蓝色环。产于加勒比海的小鰕虎鱼，也喜欢和其他动物同巢共穴。它们往往会充当其他鱼类的清洁工，把它们身上的寄生物吃干净。

鰕虎鱼与其他鱼类一样，繁殖方式为卵生。鰕虎鱼一般都会保护自己产下来的卵，常常把卵产在贝壳、岩石等不容易被其他动物吃掉的地点。

### 9. 绵鳚

俗称海泥鳅、钢条。蛋白质含量较高，脂肪含量较少，身体皮肤较硬，耐储存，不容易腐败。适宜高水温时使用，也是较好的饲料鱼。特征为左右两侧背部各有1根毒刺，体型较小，身上有2条白色横纹。主要集中在近岸或河口，很少逆流而上进入上游。食物为近岸的小型甲壳类或易寻找的水中生物尤其是海蚯蚓，喜欢吞食软体食物。分布于印度洋近海，直到澳洲和日本群岛。

# 第三节　饲料保存

饲料从生产到投入使用可能会历经几天甚至几个月，因此，从产出到投入使用的过程中，饲料的保存尤为重要，如果保存不好，会造成饲料品质下降、霉烂生虫，造成直接或间接经济损失。为了保证饲料的质量，提高饲料的利用率，必须对鱼类饲料的储藏管理予以重视。

## 一、影响饲料储存的主要因素

### 1. 饲料本身的变化

饲料本身的营养成分会随着储藏时间的增加而减少，刚生产的颗粒饲料表面光滑，具有光泽，随着储藏时间的增加，颜色逐渐变暗，光泽消失，感官质量下降。饲料储存过程中的粗蛋白质含量变化不大，但是饲料中的非必需氨基酸和必需氨基酸的总量与储藏期呈负相关。如果饲料保存不善，通风不好，饲料自身会发热，在温度升高的条件下容易发生褐变反应（又称美拉德反应），主要在糖类的羟基和蛋白质中赖氨酸侧链的 ε-氨基之间产生，造成蛋白质营养降低，参与反应的赖氨酸等不能被消化酶分解而损失。

亚油酸、亚麻酸、二十碳五烯酸和二十二碳六烯酸是水产动物所必需的不饱和脂肪酸。这些脂肪酸在储藏过程中很容易被氧化，脂肪酸链上的双键位置由氧取代，生成氢过氧化物，会进一步分解为醛、酮、酸等低分子化合物。这些低分子化合物对水产动物有害，同时会降低脂肪的营养价值。

维生素是生物活性物质，对环境的理化因子十分敏感。饲料加工过程中的温度、压力、摩擦、湿度、调质时间、光照等均能影响其活性。维生素在储藏过程中，效价会逐渐下降。

**2. 气象因素**

主要为温度和湿度。温度对储藏饲料的影响较大。在低温条件下，霉菌生长缓慢，温度较高，霉菌容易孳生。例如，饲料中的维生素 A，在密闭容器中储存在 5℃ 阴暗条件时，2 年后其效价仍然保持在 $80\%\sim90\%$，如果储藏温度过高，其效价则会明显降低。

湿度的含义通常包括饲料中的水分和空气中的相对湿度。饲料在储藏期间，如果空气中的湿度较大，水分就会渗入到饲料中去，其水分就会增加，随着饲料中水分的增多，各种害虫就会生长。另外，各种菌类也会孳生，饲料中的营养元素就会受到破坏。饲料中的脂溶性物质，如色素等会因温度、光照、湿度、霉变等因素而发生变化。

试验结果表明：脂质水解酸败随着温度和水分含量的升高而显著增强。水分含量在 $16\%$ 以下时，随着水分含量的降低和温度的升高，脂质氧化酸败的速度增强，且 $12\%$ 水分组的脂质的氧化酸败极显著高于 $16\%$ 水分组。

**3. 霉变**

霉菌在适宜的温度、湿度、氧气等条件下，能够利用饲料中的营养物质进行繁殖，例如白亮曲菌、黄曲菌等。其中，以黄曲菌产生的黄曲素对饲养动物危害最大。这些曲菌的生长繁殖依赖于适宜的水分和温度。水分含量少的时候，大部分菌类都不能生存。

**4. 虫害、鼠害**

饲料储藏过程中的虫害对饲料的危害较大，不仅能够消耗饲料，而且能够释放热量，提高饲料的温度，从而引起饲料内部成分的变动。另一方面，害虫的尸体粪便等会污染饲料，使饲料中的营养价值和感官指标均受到影响。影响饲料储存的害虫有老鼠、米象、谷蛾等。

# 二、储藏和保管方法

饲料的储藏和保管是饲料从生产到投入使用的重要环节，目的就是使饲料具有其固有的质量，提高饲料的利用效率。

### 1. 饲料储藏仓库的管理

仓库应该具备不漏雨、不潮湿、门窗齐全、防晒、防热、防太阳辐射、通风良好等条件。如果有必要，密闭后，使用化学熏蒸剂杀灭虫、鼠等有害生物。仓库四周阴沟要通畅，仓库内壁墙脚要有沥青层以防潮、防渗漏。仓顶要有隔热层，墙壁最好刷成白色以减少吸热，仓库周围可以种植树木，减少阳光直射。另外，养殖地点要和饲料储藏地点分开，能更好地减少疾病传播。

饲料包装材料应该采用复合袋。复合袋具有气密性好，能够防潮、防虫，避免营养成分损失等优点。饲料包装以前应该充分干燥、冷却，掌握好饲料的湿度。袋装饲料堆放时袋口一律朝内，以防沾染害虫、吸湿或散口倒塌，堆放时要在下面加防潮垫，而且堆放时不要紧靠墙壁，最好留出一个人行道。袋子之间要有间隙，便于通风、散热和散湿。

饲料堆放时要标明饲料的生产日期、品种、规格、数量，并且按照其不同而分块储藏。因为随着保存时间的延长，饲料中碳水化合物含量减少，蛋白质的生物学价值降低，特别是植物性蛋白质大部分会被酶水解，因此，饲料的营养价值大打折扣。维生素是极易损失的营养成分，时间越长，损失越多，最易损失的是维生素 A，其次是维生素 C，因此，不能用保存时间太长的饲料直接投喂水生动物，否则，将会发生维生素缺乏症。

仓库内的饲料应该堆放整齐，仓库必须打扫干净，定期消毒，灭鼠、灭虫。如果有过期或者霉变的饲料要及时处理。

饲料的储藏过程中要加强日常管理。饲料从进库就需要进行严格的检查，不合格的产品严禁入库。要经常保持库内通风，注意库内的湿度和温度以及墙脚是否有漏洞等。库内温度应该在 15℃ 以下，湿度在 70％ 以下。加强仓库通风是经济有效的储藏方法。

对于管理仓库的人员要加强培训，并且建立严格的管理和操作规范。

### 2. 严格控制饲料的含水量

饲料的含水量绝对不能超过 13％，以 10％ 以下为最佳，饲料中水分高于 13％ 时，要重新进行处理，以利于保存。严格控制水产饲料的保存时间，水产饲料的保存时间不宜过长，以 3 个月以内为宜，最好控制在 1 个月之内。如果条件允许，最好是现加工现投喂，这样营养成分不会损失，对于充分发挥水产饲料的效率有一定的作用。

试验表明，用新鲜饲料喂鱼不仅省料，而且鱼长得好、发病少，鱼的产量高、品质佳、效益好。

# 第四节　鱼类投喂技术

当前，我国水产养殖存在养殖密度过高、过量投饲、饲料质量差等问题，导致饲料溶失、水质污染，进而影响养殖动物的生长和健康，造成养殖成本和养殖风险升高。因此，环保饲料成为研究热点，同时，科学投喂也日益受到重视。在鱼类养殖生产过程中，合理地选用优质饲料，采用科学的投喂技术，可保证鱼体正常生长，降低生产成本，提高经济效益，如果饲料选用不当，投喂技术不合理，则会浪费饲料，导致效益降低。当今，随着鱼类养殖科学技术的进步，新的养殖对象和养殖方式不断出现，如网箱养鱼、围栏养鱼、流水养鱼、工厂化养鱼和名、特、优水产动物的养殖等，新的养殖对象和精养高产方式不仅要求使用优质饲料，而且对投饲技术的要求也有所提高；即使是池塘养鱼也要注意投饲技术，才能有效地提高池塘生产力。

Cho（1992）定义了"鱼类投喂系统"的概念，即为维护鱼类正常生命活动、生长及繁殖而投喂配合饲料的一切标准及手段。周志刚等（2003）将包括投喂频率、投喂时间、摄食水平等涉及投喂的问题定义为投喂体系。定义的内涵不同，名称也各不相同。

投喂模式应建立在对鱼类活动规律特别是摄食规律深入了解和研究的基础上。投饲时间与鱼类摄食高峰相对应，投饲频率以鱼类摄食活动为依据，投饲量受鱼胃空隙、食欲、饲料溶失等因素影响。总之，鱼类摄食节律等摄食行为特征是研究和建立投喂模式的科学基础。

# 一、与鱼类摄食有关的因素

摄食节律是鱼类在长期演化过程中对光照、温度、饲料等周期性变动的环境条件主动适应的结果。按照鱼类的自然摄食节律来确定投喂时间可以减少饲料浪费，提高饲料效率。周志刚等（2003）认为应从鱼类摄食节律（feeding rhythm）的角度来确定鱼类的最佳投喂时间。适宜的投喂时间应选择在鱼类摄食的峰值段，而避开摄食低谷期。李爱杰（1996）也认为如果投饲时间与养殖对象的摄食活动周期相一致，就可以提高饲料效率。

## 1. 投饲量和投饲率

投饲量通俗地说就是投入水体中饲料的数量，投饲率即为投放至水体中的饲料重占鱼体重的百分数。由于养殖日常管理中水体中的剩余饲料无法回收，故用投饲量代替鱼类摄食量，进而影响饲料效益的评价。崔奕波（1989）将摄食分为维持摄食率，即鱼体重（或能量含量）不增加也不减少的摄食水平；最大摄食率，即鱼达到饱食时的摄食水平；最佳摄食率，即当鱼生长与其摄食之比最大（即饲料转化效率最大、饲料系数最小）时的摄食水平。Brett 和 Groves（1979）以特定生长率（SGR）为标准将投饲率分为生命维持（$SGR=0$）、SGR 最优（SGR 与投饲率之比最大）、SGR 最大等几个水平。

研究投饲量的主要目标是确定一个最优的投饲量，从大多数文献来看，其最优投饲量是以养殖对象生长率、饲料效率为评价标准予以评定。研究发现，不同鱼类的最优投饲率差别较大。同一种鱼类不同生长阶段的投饲率也不相同，特别是生长早期阶段变化更加明显。Fiogbe 和 Kestemont（2003）研究报道，在最适温度下，体重 0.22g 的河鲈最优投饲率为 7.4%；体重 0.73g 的最优投饲率为 5.1%；体重 1.56g 的最优投饲率为 4.5%；体重 1.89g 时最优投饲率为 2.2%。投饲率随体重增加呈递减趋势。

**2. 影响投饲率的因素**

投饲量受饲料的质量、鱼的种类、鱼体的大小和水温、溶氧量、水质等环境因子以及养殖技术等多种因素的影响。影响投饲率的因素主要包括以下几点。

（1）种类 不同种类的养殖鱼类食性复杂，生活习性、生长能力以及最适生长所需的营养要求不同。另外，它们的争食能力、摄食量也不相同。

（2）体重 幼鱼阶段，新陈代谢旺盛，生长快，需要更多的营养，摄食量大；随着鱼体的增长，生长速率逐渐降低，所需的营养和食物就随之减少。所以在养殖生产过程中，幼鱼比成鱼的投饲率要高，一般鱼类的体重与其饲料的消耗呈负相关。

（3）水温 鱼类是变温水生动物，水温是影响鱼类新陈代谢最主要的因素之一，对摄食量影响更大，一般在适温范围内随温度的升高而增加。为满足鱼类营养的需求，应根据不同水温确定投饲率，在一年之中，各月水温不同，其投饲量的比例也有变化。

（4）溶氧量 水体中的溶氧量也是影响鱼类新陈代谢的因素之一。水体中的溶氧量高，鱼类的摄食旺盛，消化率高，生长快，饲料利用率高；水体中溶氧量低，鱼类由于生理上的不适应，使摄食率和消化率降低，并消耗较多的能量。

另外，环境条件、饲料加工方法、饲料品质以及投喂方式等均能影响饲料效率和投喂率。实践证明，个体或群体、单养或混养，不同数量、不同养殖方式下鱼类的摄食量也受到影响，一般说来，在群体和混养条件下，鱼类的摄食量都较高。

# 二、鱼类投饲量的确定

饲料系数主要由饲料本身的质量决定，但养殖生产上饲料投喂方式也对其产生影响。一般认为投饲量不足，鱼类用于维持生命的养分多，生长的养分少，饲料系数高；随着投饲量增加，饲料系数降低；过度投饲，鱼类的摄食活动增加，消化率下降，饲料系数重新升高。

不同鱼类成活率和体重变化受投饲量的影响也不相同。尖吻鲈幼鱼［（20.0±4.6）g］成活率和体重变异显著受到投饲量影响，低投饲量导致低成活率和高体重变异。当投饲量在 70% 饱食投喂和饱食投喂之间变化时，牙鲆（17g）的成活率和大菱鲆［（69.0±16.5）g］的体重变异没有受到投饲量的影响。鱼类不同生长阶段其成活率对投饲量敏感性也不同。Fiogbe 和 Kestemont（2003）研究报道，体重 0.22g、0.73g、1.56g 的河鲈成活率显著受到投饲量的影响，而体重 1.89g 组受投饲量影响不显著。

正确地确定投饲量、合理地投喂饲料，对提高鱼产量，降低生产成本有着重要的意义。在水产上确定最合适投饲量常采用饲料全年分配法和投饲率表法这两种方法。

## 1. 饲料全年分配法

就是根据养殖方式、所用饲料的营养价值以及生产实践经验相结合综合考虑的方法。其目的是为了做到有计划地生产，保证饲料能及时供应，根据鱼类生长的需要规划好全年的投饲计划。

## 2. 投饲率表法

投饲率亦称日投饲率，指每天所投饲料量占养殖对象体重的百分数，投饲率表法是根据不同养殖对象、不同规格鱼类在不同水温条件下试验得出的最佳投饲率而制成的投饲表，以此为主要依据，结合饲料质量以及鱼类摄食状况，再按水体中实际载鱼量来决定每天的投喂量。

另外，还可以根据鱼类对饲料蛋白质的需求量、对饲料的消化率以及饲料蛋白质含量，推算投饲率，其计算方法如下。

$$投饲率（\%）=\frac{鱼对蛋白质的需求量〔g/（d·kg）〕}{饲料中粗蛋白质含量（\%）×粗蛋白质消化率（\%）×100}$$

每日的实际投饲量主要根据季节、水色、天气和鱼类的吃食情况而定。

（1）不同季节，投饲量不同　冬季或早春气温低，鱼类摄食量少，要少投喂；在晴天无风气温升高时可适量投喂，以使鱼不至于落膘；在刚开始时应避免大量投饲，防止鱼类摄食过量而死亡；清明以后投饲量可逐渐增加，夏季水温升高，鱼类食欲增大，可大量投饲，并将持续至10月上旬；10月下旬以后，水温日渐下降，投饲量应逐渐减少。

（2）视水质状况而调整投饲量　水色过淡，可增加投饲量，水质变坏，应减少投饲量，水色为油绿色和酱红色时，可正常投饲。

（3）天气　晴朗时可多投饲，梅雨季节应少投喂，天气闷热无风或雾天应停止投饲。

（4）摄食情况　根据鱼的吃食情况适当地调整投饲量。

# 三、鱼类养殖投饲技术

投饲技术包括确定投饲量、投饲次数、投饲地点、投饲时间以及投饲方法等内容。我国传统养鱼生产中提倡的"四定"（定质、定量、定时、定位）和"三看"（看天气、看水质、看鱼情）的投饲原则，是对投饲技术的高度概括。

## 1. 估计鱼池中的载鱼量

投饲率表只能查出某种规格的鱼在某一水温下的投饲率，而具体投多少饲料，还要取决于饲养在水体（池塘或网箱等）中的载鱼量。估计载鱼量的方法很多，有抽样法、生长法、饲料系数法等。抽样法估计载鱼量：从鱼池（或网箱）中捕出部分鱼，分别称重（$W$）并记录，然后把所称鱼体总重（$\Sigma W$）除以所称鱼的总尾数（$\Sigma N$）得出鱼体的平均

重量 $\left(W=\dfrac{\sum W}{\sum N}\right)$，然后从放养尾数中减去死亡数所得的尾数，乘以抽样所得的平均体重，即可估算出水体的载鱼量。一般抽样合理，操作熟练，都可获得较满意的结果。根据估算出的某时期水体中的载鱼量，依不同养殖方式，按照当时水温条件和鱼的规格，运用投饲率表即可计算出日投饲量。

**2. 投饲频率与鱼的胃排空率之间的关系**

投饲次数是指日投饲量确定以后的投喂次数。在我国，一般肉食性鱼类，每天投喂1～3次就可以达到最大增重率。饲料的投喂频率与鱼的种类、生长阶段、饲料构成以及养殖环境（水温、溶氧量）有关。

胃排空率是指摄食后食物从胃中排出的速率，有的用胃排空时间来表示。它除了受鱼体自身生理状况和试验方法的影响外，还受鱼的种类、体重、温度、食物颗粒大小、食物性质、摄食频率以及饥饿时间等的影响。其中温度、食物和鱼体重最受关注。

鱼类的摄食时间间隔或摄食频率受到胃排空速率的影响。摄食量受胃饱和度影响。食欲的恢复也与其密切相关。有些鱼类要等到胃几乎排空才重新开始摄食，大多数鱼类在胃排空之前便开始摄食了。因此，鱼类胃排空率不仅是鱼类生态学及能量学的重要且必需的参数，在水产养殖上也有应用价值，是制定最佳投喂次数或投饲率的重要依据。

当饱食投喂时，增加投饲频率对养殖动物的生长也有促进作用。在适宜的投饲频率内，鲵状黄姑鱼、黄尾黄盖鲽、牙鲆、庸鲽随着投饲频率的增加，增重率不断上升。但投饲次数过多时，增重率不再增加。鲵状黄姑鱼投饲频率由1次/d增到2次/d，增重无显著差异。瓦氏黄颡鱼幼鱼投饲频率在0.5～3.0次/d生长率随投喂频率增加而升高；但当投喂频率由3次/d增加到4次/d时，生长率未继续升高。

投喂时间在不同方式养殖中也有差别。网箱养鱼第一次投喂时间应从07：00开始，最后一次应在18：00结束；池塘养鱼第一次投喂时间应从08：30开始，最后一次应在16：00结束。不论网箱养鱼还是池塘养鱼，每次投喂时间应持续20～30min为宜。

**3. 投饲方法**

肉食性鱼类在人工养殖条件下，因它们的摄食量大，并具有相互残杀的习性，特别是在投饲不足的情况下，常会发生相互撕咬，最后导致体弱幼小者被身强力壮者所吞食，造成成活率低，直接影响养殖效果，所以要保证其饲料的充足并进行驯化。因此，在投饲时要精心地对养殖鱼类的摄食行为进行训练，细心地观察鱼类的摄食状态，看天气、看水质、看鱼的生长和摄食情况来调整日投饲量。

驯食用的饲料一般应根据不同鱼类和个体的大小来确定其颗粒大小。在饲料的配比上动物性成分逐渐减少。在鱼类驯食期间，一定要保持水质清新、活爽，水体透明度为40cm左右，水中的溶氧量达到3mg/L以上，pH以6.8～8.0为宜，生长旺盛期和夏季高温季节应定期更换池水，并适当增加水位，使水温控制在30℃以下，每月定期以生石灰调节水质。

在一般情况下养殖鱼类经过一段时间（约为1周）的摄食训练，很容易形成摄食条件反射，达到集中摄食的行为，当一把一把地将饲料撒入水中，鱼会很快聚拢过来，集中在水面抢食，使水花翻动，而后分散到水中摄食，隐约在水面上出现水纹；当鱼饱食后即分散游去，直到平息。控制投饲量以"八分饱"为宜，使鱼保持旺盛的食欲，可以提高饲料效率。

目前水产养殖中投饲方法可分为以下3种：人工投饲、定时定量自动化投饲和自需式自动化投饲。不同投饲方式各有其特点，适应不同的养殖环境和条件。

（1）人工投饲　即利用人工将饲料一把一把地撒入水中，可以清楚地看到鱼的实际摄食状况，对每个池塘、每个网箱灵活掌握投喂量，做到精心投喂，有利于提高饲料效率，但是费工费时。对于中、小型渔场，劳力充足，或者养殖名、特、优水产动物，此种投饲方式值得提倡。

人工投饲的优点是可以随时观察养殖鱼的摄食状况。根据鱼类摄食活跃程度，饲料剩余多少以及天气、水温等情况及时调整投饲量，保证鱼类采食充分平均。缺点是费时费力，投饲散布不均，饲料浪费严重，污染水质。

（2）定时定量自动化投饲　具有省时省力、抛撒均匀、减少饲料浪费、增产增效的特点。有研究表明，在同等饲养条件下，使用自动投饲机比人工投饲的产量要高出11%，收入也高出近20%，增产效果十分明显。除节省饲料、增产增效外，自动投饲机的使用可减轻工人的劳动强度，并能提高工人工效4倍以上。但是这种方式不能随时掌握摄食状态，不能灵活调整投饲量，对投饲机器的质量和维护要求较高（王华等，2008）。

（3）自需式自动化投饲　鱼类根据自身需求和摄食习性通过触击投饲机自由获得饲料，饲料效率高，鱼类生长快。有研究表明，和自动投饲机相比，使用自需式投饲机的鱼类不但有相同生长速度，而且体重变异性较低，因自残引起的死亡率也较低。但自需式投饲机还处于研制阶段，尚未进入全面应用。如何使投饲机满足不同水产养殖动物的采食习性是自需式投饲机的研制难点和能否应用的关键所在。

目前国产颗粒饲料投饲机主要有上海78-2型投饲机和78-4型投饲机。上海78-2型投饲机有鼓风机、电振器、下料口、电气控制室、喷料管、机壳等部件组成。电机启动后，鼓风机也开始工作，为了确保喷料管通道流畅，电振器经过2s后才开始打开下料口。下料口打开后，饲料进入喷料管，被风送出。由于电振器工作的周期是关2s、开4s，因而投饲可断续进行，饲料散落呈圆形。78-4型投饲机为鱼动式，系利用鱼类游动，碰动撞料板而开始投饲，对15cm以上的贪食性鱼类最为有效。该机由万向节、撞料板、筒身和挡板组成。在无鱼碰撞料板时，饲料被挡板挡住不能落下；当鱼类碰动撞料板时，挡板即对料筒做相对运动，饲料就通过变化的间隙垂直落入水中。

另外，北京仿制日本产的ZTII型自动投饲机采用电子钟控制，可定时、定量投饲，每昼夜可动作6~24次，每次按选择的频率撒出饲料，直径达1m，工作效率较高。但是，利用机械投饲机不易掌握摄食状态，不能灵活控制投饲量，机械成本高，一般养殖场难以配置。

# 参 考 文 献

崔奕波 . 1989. 鱼类生物能量学的理论与方法 . 水生生物学报，13（4）：369-383.

李爱杰 . 1996. 水产动物营养与饲料学 . 北京：中国农业出版社 .

连建华 . 2000. 牙鲆养殖技术 . 北京：中国农业科学技术出版社 .

莫有东，莫育军 . 2003. 牙鲆养殖技术小结 . 科学养鱼（8）：27.

王华，李用，陈康，等 . 2008. 水产养殖动物摄食节律与投喂模式的研究进展 . 饲料工业，29（24）：17-21.

王吉桥，谭克非，张剑诚，等 . 2006. 大菱鲆养殖理论与技术 . 北京：海洋出版社 .

谢忠明，殷禄阁，宫春光，等 . 2004. 牙鲆成鱼养殖 . 北京：金盾出版社 .

谢忠明 . 1999. 牙鲆、石斑鱼养殖技术 . 北京：中国农业出版社 .

张岩，陈四清，于东祥，等 . 2005. 牙鲆健康养殖技术 . 北京：海洋出版社 .

周志刚，谢绥启，崔奕波 . 2003. 鱼类投喂系统的研究 . 中国畜牧兽医，13（4）：369-383.

Brett J R, Groves T D T. 1979. Physiological Energetics//Hoar W S, Randall D J, Brett J R. Fish Physiology, Bioenergetics, and Growth Vol 8. New York：Academic Press；279-352.

Cho C Y. 1992. Feeding systems for rainbow trout and other salmonids with reference to current estimates of energy and protein requirements. Aquaculture，100（1-3）：107-123.

Fiogbe E D, Kestemont P. 2003. Optimum daily ration for Eurasian perch *Perca fluviatilis* L. reared at its optimum growing temperature. Aquaculture，216（1-4）：243-252.

# 第七章
# 鲥鱼的病害与防控措施

## 第一节　常见疾病症状

　　鱼类在受到环境胁迫或病原感染时，在体内免疫系统作用下会引起病鱼表现出一定的体征。而某些反复症状的出现则与鱼类的养殖环境、饲料品质、肿瘤和病原微生物感染有关。鳃部发白、皮肤发暗或肾脏出现白点等是多种鱼类疾病的共同病征，虽然这些症状是疾病诊断的重要依据，但同样也可能会造成误诊。因此，疾病的诊断需要通过发现某些特殊病征来进行准确判断。目前，只发现少数鱼类疾病会表现出独特的症状，这些症状被称为"特异性症状"（Sheppard，2004）。

### 一、养殖操作、环境卫生及相关设备

　　由于天然海区环境受到人类活动的影响日渐加大，很多有害微生物和有机废物会随着潮流和海洋动物的活动而扩散。因此，保持好养殖环境卫生对健康养殖具有重要意义，养殖人员应该培养良好的卫生习惯，如做好手足、雨具和鞋类等的消毒工作均能有效防止病原微生物入侵；同时，若发现病鱼、死鱼均要及时隔离处理并消毒；若出现病害爆发，要做好严格的消毒程序，有效阻止疾病的进一步传播。

　　在饲养过程中，饲料质量对养殖环境的影响也比较大。质量好的挤压颗粒饲料（EP）内含易消化的营养成分，能为养殖鱼类提供丰富的营养和能量，水溶性低，释放到水中的有机碎屑少，能有效控制细菌的孳生和生化需氧量（BOD）的升高。然而，新鲜或冷冻的野杂鱼饲料则容易将野生鱼携带的病原传播到养殖鱼类体内，增加了病害爆发的风险。同时，生鲜饲料更容易把有机物释放到养殖水体中，促进细菌生长，使养殖环境恶化，增加了病害爆发的概率。可见，投喂挤压颗粒饲料更有利于防止病害传播和保持养殖环境的清洁卫生。总之，要始终按照"以防为主，防治结合"的理念做好病害防控工作。

### 二、赤潮与环境胁迫疾病

　　海水富营养化后，海洋藻类大量繁殖导致水体颜色改变的现象即为赤潮。有些较轻

微的赤潮现象虽然没有引起水色明显改变，却依然能够影响鱼类的正常生长活动。严重的赤潮现象可释放大量毒素造成鱼类的鳃部等器官受损甚至死亡。在赤潮发生期间，鱼类进食时容易误食有害藻类而引起中毒，加之赤潮容易导致水体缺氧，此时应减少投喂。因此，要做好海洋环境监测工作，提前采取适当的应对措施，可减轻赤潮对养殖造成的损失。

**1. 典型症状**

投喂时养殖鱼类少食或厌食；呼吸加速，游动时嘴巴张大，有时会逆水而游或摇摆头部来提高呼吸效率；死鱼或快死的鱼会浮上水面，其鳃部出现红点或大量黏液。

**2. 疾病防控**

注意观察水色变化，尤其是在雨过天晴时。早上利用显微镜检查养殖水体中、上层的浮游生物量及种类，若发现有害浮游生物时则应重复取样检查并计算数量。如发现养殖鱼类的行为异常，则应先停止投喂并做进一步调查。同时，提前做好应急准备非常重要，赤潮发生时，大量充氧并利用防水布隔离有害藻类能有效减少对养殖鱼类的伤害。赤潮期间应尽量减少投喂，若要投喂，动作要迅速，尽量让鱼群少往水面上游。若发现死鱼，要及时将死鱼捞起并运到岸上消毒处理，以免加剧海区污染。

# 第二节　细菌性疾病

## 一、乳球菌病

乳球菌病是一种细菌性疾病，已知由 3 种革兰阳性致病菌引起，分别是链球菌（*Streptococcus*）、肠球菌（*Enterococcus*）及格式乳球菌（*Lactococcus garvieae*）。但是，链球菌属的停乳链球菌（*S. dysgalactiae*）引起的症状与以上 3 种细菌的非常相似，难以分辨，因此，需要仔细检查方可确诊。

乳球菌病是黄尾鰤最常见的疾病之一，全年可发病，且各年龄段的鱼均能感染，只要水温高于 15℃即可爆发。其中，在溶氧量较低和水温较高的夏、秋季节爆发的乳球菌病，死亡率最高。该病可引起鱼类红细胞含量下降，导致抗逆能力下降；并且可引起脑部发炎，使病鱼在水面来回打转。调查发现，致病乳球菌经常在其他疾病中并发感染，如血吸虫病等。

**1. 典型症状**

病鱼眼球外凸发暗，鳃部颜色发白，尾部溃烂化脓，尾鳍破损发红；有时下颌和鳃部充血红肿，鳃弓出现黄色的脓液。有的病鱼虽体表正常，但大脑有可能已发炎红肿；肾脏通常肿大变为灰色，且心脏外膜有时会变成灰白色。

**2. 疾病防控**

一些国家利用疫苗来对某些乳球菌病进行控制（链球菌除外），同样，也有通过投喂抗生素来控制该病的。只有做好严格的消毒卫生、投喂高质量饲料和减少对养殖鱼的惊扰，才是预防疾病的有效途径。

# 二、发光杆菌病

该细菌性疾病又称巴氏杆菌病或伪结核病。美人鱼发光杆菌 *Photobacterium damsela piscicida* 引起的疾病是鰤鱼中常见且最为棘手的，可致数百尾幼鱼在几天内死亡。其致病机理是：该革兰阴性菌刺激鱼类免疫系统促使各器官形成白点（白细胞堆积）。该病可导致鱼类急性死亡，表明发光杆菌可在鱼体内释放破坏毒素，致使大部分器官功能衰竭。该病在春秋季节、水温 20～24℃ 范围内较易爆发，其中幼鱼（和 1 龄鱼）较易受感染。白点是多种细菌性疾病的共有特征，需要细心区分方可正确诊断，尤其是在多种致病菌交叉感染的情况下。

**1. 典型症状**

病鱼的表皮出现溃疡、凹坑等症状，鳍条和鳃盖内侧充血，腹部皮肤粗糙；鳃部颜色为粉红色（通常没有白点）；肾脏和脾脏长有许多大小为 1mm 左右的白点。

**2. 疾病防控**

目前还没有有效的疫苗来预防发光杆菌病，通常在疾病爆发初期投喂抗生素（杀菌抗生素，而非抑菌抗生素）来进行控制。同样，做好消毒工作和提供优质饲料等措施是预防该病的有效方法。

# 三、诺卡氏菌病

诺卡氏菌种类繁多，其中鰤鱼诺卡氏菌 *Nocardia seriolae* 是该类疾病中最常见的病原。病原感染幼鱼后便在潜伏期间缓慢繁衍（慢性），几个月后才出现相应病征。感染后，该菌会在夏季高温期迅速繁殖，等到鱼类免疫力较弱的秋、冬季节来临时便发病并引起死亡。皮肤和鳃部肿胀是诺卡氏菌病的 2 个典型症状，但在不同个体上仍会表现出稍微的差异。

**1. 典型症状**

被感染的鱼身体消瘦，游泳缓慢；鳃部变白，鳃弓长有肿块；鳃盖皮肤溃烂，身体皮肤肿胀溃疡；肾脏和脾脏肿大，并长有大量 1～2mm 的黄白色斑点（其他内脏和脂肪也可能会有），鱼鳔通常会出现一些较厚的棕黑色斑块。

**2. 疾病防控**

处于潜伏期的诺卡氏菌可通过对活鱼的黏液和血液进行 PCR 检测，但成本过于昂贵。目前并没有有效的疫苗预防该病，仅仅依靠高剂量抗生素去延长治疗时间并不能解决根本问题，因此，还是要以防为主。

# 四、分枝杆菌病

分枝杆菌种类繁多，其中海鱼分枝杆菌（*Mycobacterium marinum*）是最常见的鰤鱼分枝杆菌病（结核病）的病原。鰤鱼感染该致病菌后即进入潜伏期，难以检测确诊，只在一些患有其他更严重的疾病的尸体中被发现。目前对分枝杆菌的研究甚少，但据推测，该致病菌在幼鱼期便开始潜伏在鱼体内。其在潜伏期繁殖速度较慢，但当水温上升至 30℃ 时则迅速繁殖，而且该病一般在感染后第二年的秋、冬季节死亡率较高。该疾病的症状较少，肉眼难以判断白点是否由该菌感染造成，如诺卡氏菌病和发光杆菌病均有白点出现，特别是在几种致病菌交叉感染时更难确诊。

**1. 典型症状**

受感染的鱼身体消瘦，游泳缓慢，鳃部发白（有时长有白点）；肾脏肿大，脾脏和脂肪组织则有黄白色斑点；腹部膨胀，体腔和心腔内有时会出现黄红色积液并从泄殖孔渗出。

**2. 疾病防控**

目前还没有方法可以检测活鱼体内潜伏的分枝杆菌，并且没有有效的疫苗和抗生素治疗该病。预防是唯一的有效措施，避免投喂野杂鱼，并保持养殖环境清洁卫生，减少对养殖鱼的惊扰，能够有效预防疾病的发生。

# 五、弧 菌 病

该病一般对 2～3 龄的成鱼影响较大，但目前对该病的致病机理还没有确切的解释，一般认为该病是由于鳗弧菌（*Vibrio anguillarum*）侵入寄主神经系统而引起的大脑和眼睛损伤。鱼苗出生后的第一个春季，受感染的鱼便会出现全身性的皮肤溃烂；在免疫过程中，尽管大部分鳗弧菌被杀死，但仍有少量细菌能顺利侵入鱼脑并不断增殖、释放毒素，当鳗弧菌向下迁移并入侵视神经时便会对鱼眼造成损害。一般该病在每年春季水温低于 20℃ 时便会爆发，年龄较大的鰤鱼的发病率和死亡率均较高。

### 1. 典型症状

一些患病的大鱼看似健康，但观察发现鱼的一侧或两侧眼睛红肿凸出，严重者眼睛会爆裂溶解，并从眼窝中剥落。大脑发炎变为红色，同时皮肤和肠道也会出现相应的炎症。

### 2. 疾病防控

目前市场上能够提供鳗弧菌疫苗以预防该病，但该疫苗对成鱼作用不大。投喂抗生素进行治疗可起一定的作用，但成本较高。只有做好预防工作，保持养殖环境的清洁卫生，投喂优质饲料并尽量减少惊扰，才能防止疾病的发生。

# 第三节　寄生虫病

## 一、皮肤寄生虫病

单殖吸虫属于扁形动物门，对鱼类养殖业的影响较大，其中鰤本尼登虫（*Benedenia seriolae*）是养殖鰤鱼中最常见的病原。尼登虫（*Neobenedenia*）是另一种需要防控的寄生虫，属于海洋鱼虱。皮肤寄生虫可通过不同的途径对宿主产生不利影响。比如，当鱼类受到鰤本尼登虫的严重感染时，会导致病鱼表皮大面积黏液和鳞片脱落，体色发暗。还有，由于病鱼受到寄生虫对皮肤的刺激，会利用水里的任何物体来摩擦皮肤，如渔网、绳子、死鱼、甚至是潜水员等，都会成为病鱼"挠痒"的工具，因此，病鱼很容易擦伤、感染。该病的发生与养殖环境和饲养管理等诸多因素有密切联系，但致死率较低。

### 1. 典型症状

病鱼经常来回摩擦皮肤，体色发黑；体表有灰黑色斑块，斑块无黏液，有许多小虫吸附在皮肤表面。

### 2. 疾病防控

通常情况下可通过投喂药物来进行治疗，但成本较高且药效持续时间较短。而利用淡水或药物浸泡较佳，但劳动强度较大。目前澳大利亚黄尾鰤养殖业中通常使用过氧化氢来治疗单殖吸虫病，疗效显著。为了彻底杀灭黏附在网上的虫卵，换网后一定要将旧网进行淡水或药物浸泡以彻底清除病原。

## 二、鳃寄生虫病

该寄生虫病同样也是由单殖吸虫的感染而引起的（Mansell et al, 2005）。其中，鰤鱼鰓吸虫（*Zeuxapta seriolae*）是鰤鱼的主要鰓寄生虫，而另一种类似的寄生虫 *Heteraxine heterocerca* 也会寄生在鰤鱼的鰓部。鰓寄生虫对寄主的伤害很大，吸虫会对鰓丝产生一定的物理损伤，且伤口容易受到感染，同时会因吸虫大量地吸食血液而导致贫血。此外，该病对处于生长期和食性转换期的鱼类影响较大，可能会导致发育不良。单殖吸虫的卵容易黏附在渔网上，如果渔网清洗消毒不彻底，则容易造成二次感染。此外，还有一种鰓寄生虫鱼虱（*Caligus spinosis*）属桡足类，对鰤鱼的养殖也会造成一定的影响。

**1. 典型症状**

病鱼鰓部颜色为粉红色或稍偏白色，鰓丝上有许多灰黑色小点，或鰓弓表面有很多黄色细线。病鱼一般患有严重的贫血症。

**2. 疾病防控**

首先，每周要对养殖鱼进行检查监测并统计寄生虫的数量。投喂药剂或浸泡法均对该病有一定的疗效，但各有利弊，投喂药品成本较高，而浸泡法则需要较大的劳动强度，费时费力。此外，要勤换网、勤消毒，杜绝反复感染。

# 三、脑黏体虫病

该病是一种黏孢子虫病，可引起 S 形脊椎（脊椎侧凸），但环境影响、营养不良、细菌或病毒感染神经系统同样也可引起脊椎侧凸，因此，需要仔细检查方可确诊。鰤鱼受到脑黏体虫（*Myxobolus buri*）的感染与诸多养殖环境和管理因素密切相关，虽然致死率不高，但成鱼的发病率却较高。病鱼出现脊椎弯曲，主要是由于脑部的孢子开始发育生长，因此，鱼类感染脑黏体虫后并不一定会出现脊椎弯曲畸形的现象。该病属于慢性病，从初次感染到孢子发育，到最后脊椎致畸，需要好几个月的时间。由于其他寄生虫孢子感染鰤鱼后也可引起类似症状，因此，需要进一步对黏孢子虫进行鉴定才能更好地诊断疾病。

**1. 典型症状**

病鱼游泳缓慢，少食消瘦，后期会出现脊椎弯曲畸形。病鱼没有进食一段时间后，体内几乎没有脂肪，且胆囊显暗绿色。感染后脑部通常会发炎变红，有时还能看到脑部黏附有白色的孢子，孢子的数量与病鱼的受感染程度呈正相关。

**2. 疾病防控**

目前，还没有方法检测活鱼体内的黏孢子虫，而且也没有有效的药物抑制黏孢子虫的生长。一般认为在浅海里养殖且投喂野杂鱼容易导致鰤鱼感染。最好的预防措施是投喂优质的颗粒饲料，并将鱼群拖至深海海区养殖，使网箱与海底之间保持较大的距离。

# 四、其他寄生虫病

在鰤鱼养殖中，寄生虫感染与网箱卫生情况和当地海区环境有关。目前，很多寄生虫的生活史和防治方法还在研究当中，除上述几种外，此处又介绍了 3 种寄生虫病害：一是库道虫（*Kudoa*），是一种热带黏孢子虫，常感染鱼的心脏；二是寄生在鱼嘴的等足类动物；三是寄生在肝脏的蠕虫。一般寄生虫会寻找适合的宿主并寄生在宿主体表或体内，然后吸食宿主的营养并繁衍后代，来完成其生活史，通常寄生虫并不会直接使宿主致死。据报道，库道虫（*Kudoa amamiensu*）只在无淡水注入的热带海域感染鰤鱼；而另一种库道虫（*Kudoa pericardialis*）对较低温海水的适应能力则较强，因此，在不同温度的海区均能发现孢子虫的孢子寄生在鱼的心脏，对鱼类心脏的功能和生长存在一定的影响。

等足类动物是一类品种繁多且适应能力较强的甲壳类动物，在海洋中超过 4000 种，但并不是所有品种都营寄生生活，只有少部分寄生在鱼类的口腔内。该寄生虫可使病鱼感到嘴巴不适，引起厌食或呼吸减弱，严重者甚至导致下颌变形。鰤鱼也会受等足类感染。

## 1. 典型症状

病症与寄生虫种类相关，有的体弱消瘦、游泳缓慢，有的少吃厌食，有的身体弯曲畸形，有的鳃部苍白、肝脏发绿，有的心脏有小白点，有的肌肉软绵，等等，不尽相同。

## 2. 疾病防控

这类寄生虫病一般难以治疗控制，目前还没有开发出有效的治疗方法，而且对很多寄生虫的生活史还不明确，还处于研究当中。

# 第四节　病毒性疾病

# 一、腹水病毒病

该病是由一种疑似传染性胰脏坏死病病毒（IPN）的水生双 RNA 病毒引起。鰤腹水病毒（YAV）一般感染体重 15～80g 的鰤鱼幼苗，在春季中、后期水温为 17～22℃时爆发，感染后的鱼苗腹部膨胀，而其他病症不明显。在鰤腹水病毒病高发季节，鰤鱼死亡率明显升高。鰤鱼自身的体质和免疫力对该病的恢复起关键作用，免疫力强、体质好的个体可以避免病毒感染后发病致死，反之亦然。该病有一定的疾病自限性，即当第一次病害爆发以后便不会再出现该病，这暗示了鱼类自身的免疫系统对该病毒已产生免疫，同时，水温变化等因素也可能起到相应的辅助作用。大龄鰤鱼感染该病毒后并不会出现明显的症状，但病毒会潜伏生长在鱼卵内。同时，海洋贝类也是水生双 RNA 病毒的潜在载体，因此，需要进一步防范避免感染。当水温为 20℃ 左右时，要做好水质监控工作，防止其他细菌性疾病在该病发病后相继爆发，造成更大的损失。

### 1. 典型症状

患病鱼苗腹部膨胀，体腔和胸腔内有黄红色的腹水，死亡率高；有时会出现贫血，鳃部苍白。镜检发现，部分肾脏和脾脏细胞坏死。

### 2. 疾病防控

至今，还没有疫苗和药物能够有效防治该病，但观察发现鰤鱼对该病的免疫力在不断增强。改进养殖管理、做好潜水前的设备消毒工作、投喂优质饲料并及时隔离生长缓慢的鱼苗均能防止该病爆发，将损失减至最低。

## 二、虹彩病毒病

虹彩病毒种类繁多，但最常见的是红海鲷虹彩病毒（RSIV）。鰤鱼等海洋鱼类均可被该病毒感染，该病发病迅速且几乎毫无征兆，幼鱼可在几个星期内相继大批死亡。其中，体重低于 200g 的幼鱼最容易受感染。因此，养殖人员会在水温升至 24℃（该病毒爆发的最适温度）前将鱼苗加快养大至 200g 以上。该病致死率高，病鱼皮肤发暗，但具体病征不明显。尽管成鱼不易受到虹彩病毒的感染，但当大龄鱼（该病爆发后幸存下来的成鱼）开始老化且免疫力逐渐衰减时，则容易在夏季受到该病毒的威胁（夏春，2005）。

### 1. 典型症状

患病幼鱼体色发黑；有时鳃部颜色苍白（贫血），鳃瓣上有黑色小点；镜检发现内脏细胞坏死；该病死亡率较高。

### 2. 疾病防控

一些国家已采用注射疫苗的方法来预防该病，但一旦发病后则没有有效的药物进行治疗。预防该病最有效的方法还是改进养殖管理，加快鱼苗早期的生长速率，投喂优质饲料，减少惊扰和做好潜水前的消毒卫生工作。

## 三、鱼类淋巴囊肿病

该病是由另一种虹彩病毒引起的，对某些鱼类的养殖业打击甚大，其致病率高，且病鱼外观十分丑陋。该病毒对稚鱼的感染率较高，其症状表现为皮肤或鱼鳍长有不连续的黑点。某些鱼在各个年龄阶段和不同水温条件下均可出现黑点，但之后会渐渐褪去，这可能是由于病鱼自身的免疫作用所致；而体质好、免疫力强的成鱼感染后可能不会出现此类病征。鰤鱼感染该病毒后也会出现黑点，但难以致死，因此，该病对鰤鱼养殖的影响不大，但对其他鱼类则不一定。

## 1. 典型症状

看似健康正常的鰤鱼体表有大量的黑点，这些黑点由皮肤、鱼鳍或鳃部的上皮细胞生长而来。

## 2. 疾病防控

目前，市场上还没有有效的疫苗和药物来预防和控制淋巴囊肿病。普遍认为，在投喂野杂鱼、被有病毒的载体传染或海水中含有该病毒的情况下，均会引起该病爆发。投喂时，注意要用挤压颗粒饲料充分喂饱养殖鱼，以避免养殖鱼因未吃饱而捕食海中带毒的野杂鱼、虾等。同样，改进养殖管理和减少惊扰是最好的预防方法。

# 参 考 文 献

夏春. 2005. 水产动物疾病学. 北京：中国农业大学出版社.

Sheppard M. 2004. A photographic guide to diseases of yellowtail (*Seriola*) fish. Canada：Sakana Veterinary Services Ltd：59.

Mansell B，Powell M D，Ernst I，et al. 2005. Effects of the gill monogenean *Zeuxapta seriolae* (Meserve，1938) and treatment with hydrogen peroxide on pathophysiology of kingfish，*Seriola lalandi* Valenciennes，1833. Journal of Fish Diseases，28 (5)：253-262.

**图书在版编目（CIP）数据**

黄尾鰤繁育理论与养殖技术/马振华等编著．—北京：中国农业出版社，2014.9
ISBN 978-7-109-19367-3

Ⅰ.①黄… Ⅱ.①马… Ⅲ.①鰤鱼－鱼类养殖 Ⅳ.①S965.335

中国版本图书馆 CIP 数据核字（2014）第 149030 号

中国农业出版社出版
（北京市朝阳区麦子店街 18 号楼）
（邮政编码 100125）
责任编辑 郑 珂

中国农业出版社印刷厂印刷 新华书店北京发行所发行
2014 年 9 月第 1 版 2014 年 9 月北京第 1 次印刷

开本：787mm×1092mm 1/16 印张：10.5
字数：230 千字
定价：80.00 元
（凡本版图书出现印刷、装订错误，请向出版社发行部调换）